玩转科技馆

科学列车项目案例集

主　编／徐　湮　金　雪
副主编／李渊渊　徐瑞芳

主编：

徐湮、金雪

副主编：

李渊渊、徐瑞芳

编委（按姓氏笔画排序）：

王倩倩、王益熙、齐琦、孙琪琳、李今、杨晓华、金子龙、
胡晓菁、侯奕杰、贾清、徐佳艺、董毅

序

当今社会，博物馆教育已是国民教育体系的组成部分之一。“教育”成了博物馆的首要职能，博物馆教育也达到了前所未有的高度。其中，科学技术博物馆的特殊性不言而喻，科学技术博物馆教育在传播科学知识的同时，更注重科学思想的传播、科学方法的培养，更着眼于提高公众的科学文化素养。

2018年5月，习近平总书记在两院院士大会上发表讲话指出：“科学普及和科技创新处于同等重要的位置，已经成为实现创新发展的两翼。实施创新驱动发展的关键在于科技创新，科技创新的基础在于提高公众科学素质。”在大众化教育、个性化教育方面，上海科技馆展教部门始终致力于探索公众科学养成教育方式的多样性。“科学列车”是上海科技馆从2015年以来不断创新、实践的经典品牌教育活动项目，它是一个移动课堂，直接在展厅内、展项旁开展教育活动。本书精选了自教育实践活动以来，精心创编、深受观众喜爱的20个“科学列车”课程方案，这些课程方案是根据上海科技馆展览资源，以展品的科学原理作为主题，深入挖掘展品人文科学内涵，用互动体验的方式帮助公众进一步理解科学思想，提升科学传播的效果。

开放、互动、多元的博物馆教育与学校教育、家庭教育、社会教育共同构成终身学习的教育体系。本书作者是一批来自上海科技馆展教一线、拥有中高级职称且具有丰富经验和想象力的年轻科普工作者，他们将自己的实践经验总结整理成册，作为一种与全国科普同行交流分享的方式。我相信这本书一定能够推动科学技术博物馆的场馆教育活动朝着更为专业化、规范性的方向发展，使科学技术博物馆真正成为科学普及的一块重要阵地。

王小明

博士、二级教授、博士生导师

上海科技馆馆长、中国自然科学博物馆学会副理事长

目 录

时尚生活篇

二 自然密码篇

三 奇幻物理篇

四 潮流技术篇

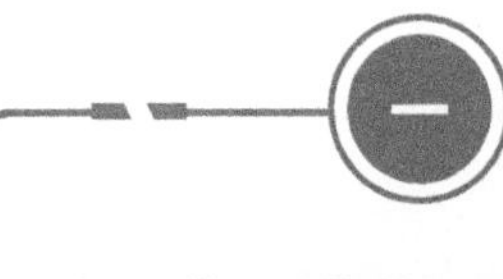

时尚生活篇

SHI SHANG SHENG HUO PIAN

垃圾分类

一、方案陈述

（一）主题

垃圾分类，从我做起。

（二）科学主题

环保是永恒的主题，垃圾是放错位置的资源。充分利用垃圾，使其变废为宝，可以节约能源、保护环境。

（三）相关展品

地球家园、垃圾分类游戏、垃圾焚烧动态演示模型。

（四）传播目标

1. 激发科学兴趣。结合展区相关展项和现场游戏激发观众的兴趣和思考，并且引导观众学习正确的垃圾分类知识。

2. 理解科学知识。知道上海的四类垃圾分类方法，通过现场教学互动能清晰理解并能正确进行垃圾分类。

3. 从事科学推理。探讨有争议的垃圾，根据不同分类方法更新环保知识和观念。

4. 反思科学。在动手变废为宝的过程中反思垃圾隐藏的价值和不当行为造成的危害，提高环保意识。

5. 参与科学实践。通过桌上小卡片进行垃圾分类的游戏，回到家中根据所学内容认真分类，投入相应的垃圾箱中。

6. 发展科学认同。垃圾是放错位置的资源，想想是否还能有其利用价值，将节能环保贯彻到日常生活中。

（五）组织形式

1. 活动形式：现场讲解、演示、游戏互动。

2. 活动观众：全年龄。

3. 活动时长：30 分钟左右 / 场。

4. 活动地点：地球家园、垃圾分类游戏展项旁。

（六）注意事项

1. 注意剪刀等锋利物在传递过程中不要用尖锐的一面朝向观众，防止受伤。

2. 观众亲自动手制作时，防止被尖锐物或锋利的切面划伤。

3. 防止待分类的 30 张小卡片在互动展示过程中丢失。

（七）学生手册

1. 认真听讲解，积极参与互动，了解垃圾分类的必要性。
2. 主动思考基本的垃圾分类和存在的误区。
3. 观看垃圾焚烧动态演示模型，了解垃圾的利用、处理和变废为宝的方法。
4. 根据任务卡在展区进行深度参观，了解人类的行为给自然界和人类自己带来的影响。
5. 学习制作塑料花瓶。

（八）材料清单

1. 垃圾桶模型 4 个。
2. 待分类的垃圾卡片 30 张。
3. 废物利用的小制作实物。
4. 废物利用的小制作展示图片。
5. 空塑料瓶若干。
6. 剪刀若干把。

二、实施内容

（一）活动实施思路

以现场展品为引导，边讲解、边观看垃圾焚烧动态演示模型展项，知道生活垃圾去哪里了。接着让观众参与体验垃圾分类互动游戏（图 1），最后配合道具在“科学列车”上进

图 1　上海科技馆地球家园展区内垃圾分类互动游戏

一步了解学习上海的垃圾分类方法，并强调垃圾分类的重要性以及存在的误区，让参与者在玩的过程中轻松学习。通过任务单和废物利用，加深观众对垃圾分类的理解，并身体力行将学到的知识切实运用到日常的生活中。

（二）运用的方法和路径

通过辅导员讲解，互动问答、动手制作、游戏实践，引导观众学习、思考、讨论，并由辅导员进行总结。

（三）活动流程指南

活动导入

1. 互动问答

（1）我们每天都会扔出大量的垃圾，面对种类繁多的垃圾和颜色各异的分类垃圾桶，你扔对了吗？（图 2）

（2）生活中大量的垃圾扔进垃圾桶之后又到哪里去了呢？

图 2　垃圾如何分类投放

活动中

2. 结合展区内垃圾焚烧动态演示模型讲解

展区内的垃圾焚烧模型展示的是上海浦东御桥垃圾发电厂[①]，这里每天可处理 1000 吨生活垃圾，每年发电量达 1 亿度，垃圾焚烧发电是让垃圾“变废为宝”的成功例子。（图 3）

在一些垃圾管理较好的地区，大部分垃圾会得到卫生填埋、焚烧、堆肥等无害化处理。比如，可燃性垃圾可以用来焚烧发电，不可燃性垃圾会得到卫生填埋，厨余垃圾可以用来堆肥，而有害垃圾则需要进行无害化处理。然而，如果垃圾被简易堆放或填埋，会导致臭气蔓延，并且污染土壤和地下水体。[②]

---

① 御桥垃圾焚烧厂 [DB/OL].[2019-12-20]https://baike.baidu.com/item/%E5%BE%A1%E6%A1%A5%E5%9E%83%E5%9C%BE%E7%84%9A%E7%83%A7%E5%8E%82/1109428?fr=aladdin.

② 绿色上海公众号 [2019-12-20].

图 3　上海科技馆地球家园展区内垃圾焚烧动态演示模型

●体验环节

1. 垃圾分类卡牌游戏

现场摆放 4 个颜色不同的垃圾桶模型，4 个垃圾桶分别对应可回收物、湿垃圾、有害垃圾、干垃圾，请观众各列举若干平时投放的垃圾。和现场观众参与互动游戏，给每位参与者发放若干小卡片，每张小卡片代表一种垃圾，观众根据自己的判断或者平时的习惯将这些小卡片投进垃圾桶内。（图 4）

图 4　垃圾分类卡牌游戏

2. 解析分类结果

（1）游戏结束后进行解析，向观众介绍垃圾分类的标准和常见的误区。

可回收物[①]

主要包括废纸、塑料、玻璃、金属和布料等五大类。简称玻、金、塑、纸、衣五大类。

①上海市生活垃圾管理条例 [2019-12-20].

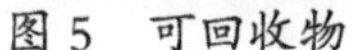
图 5 可回收物

图 6 湿垃圾

图 7 有害垃圾

图 8 干垃圾

但是要注意餐巾纸、卫生纸由于水溶性太强不可回收，湿纸巾不可以丢入马桶内，均为干垃圾。（图 5）

湿垃圾

主要包括丢弃不用的菜叶、剩菜饭、果皮、果核、花草、过期食品等。特别注意花草，因为不是来自厨房或食物，观众容易混淆。而像榴莲壳、椰子壳、大棒骨、贝壳等，本身质地坚硬，不易腐化，所以都属于干垃圾的范畴。（图 6）

有害垃圾

主要包括杀虫剂、染发剂、油漆、荧光剂、水银温度计、过期药品、荧光灯、节能灯、充电电池、纽扣电池、蓄电池等。（图 7）

干垃圾

指除有害垃圾、可回收物、湿垃圾以外的其他生活废弃物。主要包括瓷器、烟蒂、纸巾、塑料袋、保鲜膜、大骨头、贝壳、一次性餐盒、污染严重的纸、纸尿裤、碱性电池等。（图 8）

（2）垃圾分类存在很多误区，很多人不知道手中的垃圾到底属于哪一类。

提出一些有争议的垃圾，如塑料袋、电池的分类，通过探讨让观众深化知识。

误区一：一次性塑料餐盒是可回收垃圾

塑料的确属于可回收垃圾，但是要根据其不同等级回收，而一次性塑料餐盒属于干垃圾。

误区二：只要看到是电池都是有害垃圾

碱性电池亦称为无汞电池，因不含汞或汞含量极低，因此属于干垃圾。

误区三：烟头是有害垃圾

吸烟有害健康，香烟在燃烧过程中也会污染空气和环境，但是烟头是指香烟燃吸后的残余部分，烟嘴材料主要是聚丙烯或醋酸纤维制成，是安全无毒的大分子材料，所以烟头属于干垃圾。

3. 考考你

解析环节过后，再拿出道具卡 10 张，检验垃圾分类的学习效果。这 10 张道具卡上是一些生活中常见但不容易分类的垃圾，同时也是区别于前面游戏环节的垃圾。10 张道具卡分别是：数据线、镜子、钨丝灯泡、荧光灯管、药品、染发剂、水银温度计、茶叶、碱性电池、一次性尿片。

请观众判断道具卡上的物品应该放入四类垃圾桶中的哪一类。

经过之前的分类游戏和结果解析等环节，虽然看到不熟悉的物品偶尔也会停顿思索，但是这一次出错的情况明显降低。

4. 动手制作

自己动手试一试：利用空的塑料瓶制作水培花瓶——在塑料瓶表面画上自己喜爱的图画，然后用剪刀小心地剪下来就可以啦！（图 9）

图 9　自制塑料花瓶

● 反思环节

或许在某一时刻，“它”在你的手上毫无使用价值，但是这并不代表“它”就此止步了，每一个被称为“垃圾”的背后都隐藏着其他你未知或者有待探索发现的价值。所以，我们生活中能够循环使用的东西尽量多次反复使用，减少不必要的垃圾产生，更不能随意处置垃圾。做好垃圾分类，为环保尽一份绵薄之力。（图 10）

你知道吗？

上海市每天产生的生活垃圾量 2.88万吨

平均每人每天产生的垃圾量 近1.2千克

上海市每天产生的生活垃圾如果全部用来填埋 平均每15天就可以堆出一座金茂大厦

图 10　上海每天产生的生活垃圾量

活动小结

通过一系列的互动学习和动手实践，让观众对垃圾焚烧站产生初步的了解，一方面熟悉、参与了展品展项；另一方面了解垃圾分类方法、处理方式及存在的误区；最后，在动手制作的过程中认识到垃圾隐藏的价值，并能将学到的知识应用到生活中。

5. 任务卡

（1）深入参观找到地球家园展区内展示的节能环保的例子。

A. 垃圾焚烧发电　　B. 沼气发电　　C. 潮汐发电　　D. 叶子车　　E. 免换水生态系统

（2）对以上 5 个节能环保的案例进行分类。

风能转换成电能：____________

水能转换成电能：____________

热能转换成电能：____________

太阳能转换成电能：____________

节约水资源：______________

三、活动拓展

（一）垃圾的分类[①]（图 11）

1. 可回收物是指回收后经过再加工可以成为生产原料或经过整理可以再利用的物品，

图 11　上海市生活垃圾分类标识

① 上海市生活垃圾分类投放指引 [2019-12-20]. 上海市生活垃圾管理条例 [2019-12-20].

主要包括废纸、塑料、玻璃、金属和布料等五大类：

（1）废纸：主要包括报纸、期刊、图书、各种包装纸、纸板箱、广告单等。

（2）塑料：主要包括饮料瓶、洗发水瓶、塑料玩具等。

（3）玻璃：主要包括各种玻璃瓶、酱油瓶、平板玻璃等。

（4）布料：主要包括衣服、床上用品等。

（5）金属物：主要包括易拉罐、罐头盒等。

2. 湿垃圾是指易腐的生物质废弃物，主要包括剩菜剩饭、瓜果皮核、花卉植物、过期食品、蛋壳、餐厨垃圾等。

3. 有害垃圾是指对人体健康或者自然环境造成直接或者潜在危害的零星废弃物。包括废电池（不包括碱性电池）、废荧光灯管、废水银温度计、过期药品、过期化妆品、废油漆桶等。

4. 干垃圾是指除有害垃圾、可回收物、湿垃圾以外的其他生活废弃物，包括餐盒、餐巾纸、湿纸巾、卫生纸、塑料袋、食品包装袋、污染严重的纸、烟蒂、纸尿裤、一次性杯子、大骨头、贝壳、花盆、陶瓷等。难以识别类别的生活垃圾也属于干垃圾。

（二）垃圾的主要处理方法①

1. 填埋

填埋是大量消纳城市生活垃圾的有效方法，也是所有垃圾处理工艺剩余物的最终处理方法，上海将生活垃圾采用科学的卫生填埋工艺进行处置。卫生填埋场从下往上的主体结构依次是：地下水导排层、膜下保护层、次防渗层、复合防渗层、主防渗层、膜上保护层、渗沥液导排层、生活垃圾堆体、填埋气收集导排与处理系统、封场覆盖系统。当卫生填埋场达到设计库容时，需要进行封场和生态修复，让填埋场变成美丽的森林或花园。

2. 焚烧

焚烧法是将垃圾置于高温炉中，使其中可燃成分充分氧化的一种方法，产生的热量用于发电和供暖。目前较为先进的垃圾转化能源系统可将湿度达 7% 的垃圾变成干燥的固体进行焚烧，焚烧效率达 95% 以上。焚烧处理的优点是减量效果好（焚烧后的残渣体积减小 90% 以上，重量减少 80% 以上），处理彻底。但是，垃圾焚烧过程除了产生热能外，也会产生含有颗粒物、氮氧化物、硫氧化物等污染的烟气，这些烟气需要经过层层净化，最终实现清洁排放。

3. 堆肥

湿垃圾经过分选、破碎后进入生化或堆肥处理设施，在好氧条件下，食物残渣被微生物高效降解，再经过深加工制成土壤调理剂，可用于林地土壤改良，肥效很好。除此之外，湿垃圾经预处理后，浆液在厌氧微生物作用下变成沼气，沼气也可以燃烧供热或发电，沼渣可用于制肥。

① “垃圾去哪儿了”公众号 [2019-12-20]. 上海市生活垃圾处置科普宣传手册 [2019-12-20].

（三）垃圾分类处理过程图示[①]（图 12）

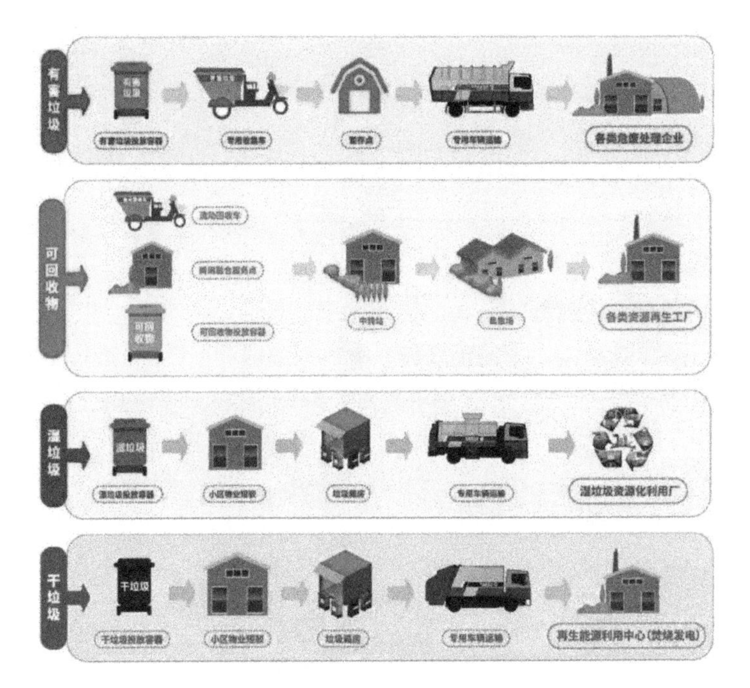

图 12　垃圾分类及处理过程（参考上海市生活垃圾处置科普宣传手册）

（四）塑料分类标识[②]

塑料制品回收标识，由美国塑料行业相关机构制定。这套标识将塑料材质辨识码打在容器或包装上，形似一个三角形的符号，一般在塑料容器的底部。三角形里面有数字 1–7，它们的制作材料不同，适用范围和禁忌也存在不同。（图 13）

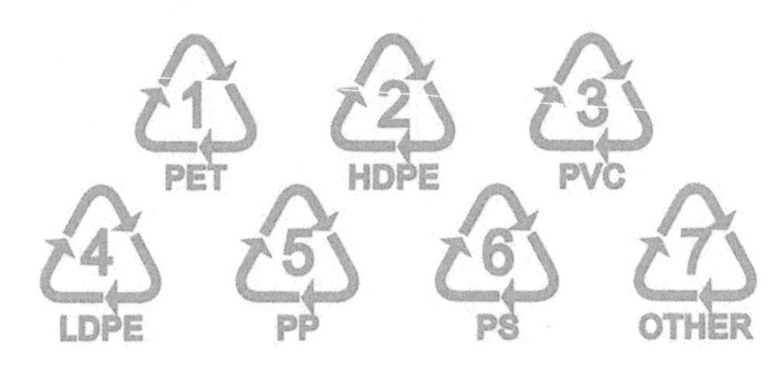

图 13　塑料分类标识图

① 上海市生活垃圾处置科普宣传手册 [2019-12-20].

② 塑料瓶底标示 [DB/OL].[2019-12-20]https://baike.baidu.com/item/%E5%A1%91%E6%96%99%E7%93%B6%E5%BA%95%E6%A0%87%E7%A4%BA/6075532?fr=aladdin.

1 号塑料（PET）

常见用途：矿泉水瓶、碳酸饮料瓶等。

由它制成的透明塑料瓶常被称为“宝特瓶”，这种塑料因为耐热至 70℃就会变形，因此只适合盛装暖饮或冷饮。如果盛装高温液体或加热则易变形，并释放出对人体有害的物质。研究还发现，这种塑料瓶在持续使用 10 个月后，也会释放出致癌物，对人体有极大危害。

小结：饮料瓶用完了就丢到“可回收”垃圾中，不要再用来做水杯。避免受热（如放在汽车内部或后备厢中）、避免裂纹（会释放有害物质）；也尽量不要做储物容器盛装其他物品，以免引发健康问题。

2 号塑料（HDPE）

常见用途：清洁用品、沐浴产品等。

常见的白色药瓶、护肤、沐浴产品的包装都是由这种塑料制成。如果想要重复利用的话，需要在彻底清洁后方可使用。麻烦的是，这些容器通常不容易清洗，会残留原有的清洁用品，容易变成细菌的温床。

小结：最好不要循环使用，需分类回收。

3 号塑料（PVC）

常见用途：雨衣、建材等。

可塑性好、价格便宜；不能包装食品，这种材质遇高温时容易产生有害物质，甚至在制造的过程中都会释放有毒物质。

小结：使用时千万不要让它受热。

4 号塑料（LDPE）

常见用途：保鲜膜等。

人们习惯将盖着保鲜膜的食物放进微波炉加热，认为这样食物中的水分不容易流失、食物口感比较好。但实际上，即使是合格的 PE 保鲜膜在遇到温度超过 110℃时也会出现热熔现象。并且用保鲜膜包裹着食物进行加热，食物中的油脂很容易将保鲜膜中的有害物质溶解出来。因此，把食物放入微波炉前，最好还是先取下包裹着的保鲜膜。

小结：最好不要将它放入微波炉内加热。

5 号塑料（PP）

常见用途：微波炉专用餐盒。

这是唯一可以放进微波炉的塑料盒，可在彻底地清洁后重复使用。需要特别注意的是，一些微波炉餐盒，盒体的确是以 5 号塑料（PP）制造，但盒盖却是以其他等级的塑料制造的，由于盒盖往往不能抵受高温，所以也不能与盒子一并放进微波炉。

小结：塑料盒盖不要放入微波炉内加热。

6 号塑料（PS）

常见用途：碗装泡面盒、快餐盒。

遇高温会释放出对人体有害的化学物质，同时也不能用于盛装酸（如果汁）、碱性物质，因为会分解出致癌物。因此，应尽量避免用快餐盒打包滚烫的食物，也不要用微波炉煮碗装方便面。

小结：出于对自身和环境的考虑，对于这种一次性物品，还是要采取谨慎的态度。

7 号塑料（PC）

常见用途：水壶、水杯、奶瓶。

其他塑料常见于 PC 类，PC 是被大量使用的一种材料，尤其多用于制造奶瓶、水壶等，PC 原料因为可能含有一种叫“双酚 A”的物质而备受争议。理论上讲，只要在制作 PC 的过程中，双酚 A 全部转化成塑料结构，便表示制品中不含双酚 A，但是，若有少量双酚 A 没有转化成 PC 塑料结构，则可能会释出而进入食物或饮品中，对人体造成影响。

小结：需严格按说明书盛装食品，用正确的方法存放和消毒，避免反复使用已老化或有破损的 PC 制品。

（王益熙）

善变的水

一、方案陈述

（一）主题

水质净化、检测。

（二）科学主题

水是生命之源。怎样的水才可以安全饮用？被污染的水如何处理？水质检测、过滤能为我们的生活带来哪些改变？

（三）相关展品

免换水生态循环系统。

（四）传播目标

1. 激发科学兴趣。现场观赏高密度养殖鱼类，提问：为何鱼缸内鱼儿数量多，却几乎无须换水？激发观众兴趣与思考。

2. 理解科学知识。了解水质、水质检测、pH 试纸检测、过滤等基本概念。

3. 从事科学推理。比较学习过程中介绍的 3 种过滤方法。近距离观察几种类型的“水”，学习使用 pH 试纸检测液体的酸碱度。揭秘污水过滤过程。

4. 反思科学。思考水质检测、过滤能为我们的生活带来哪些改变？

5. 参与科学实践。通过任务卡，让观众通过之前的介绍、互动，对展厅中其他相关展品展开探索。布置回家任务，达到参与实践的目的。

6. 发展科学认同。节约用水，保护地球。对于水资源，要开源与节流并重，节流优先、治污为本、科学开源、综合利用。

（五）组织形式

1. 活动形式：演示加互动实验。

2. 活动观众：全年龄。

3. 活动时长：30 分钟左右 / 场。

（六）注意事项

1. 玻璃实验器皿要小心操作，切勿打碎。

2. 带好护目镜，做到实验规范操作。

3. 实验垃圾及时扔进垃圾袋中，切忌堆放在桌面上或扔在地上，保持整洁。

4. 实验结束后清洗玻璃器皿、整理桌面及实验用品，养成良好的操作习惯。

（七）学生手册

1. 认真听讲解，积极参与互动，了解地球家园免换水生态循环系统的技术及原理。
2. 仔细观看辅导员演示物理过滤过程，并主动思考水分子可以通过滤纸的原因。
3. 根据探索任务卡，在展区进行深度展品观察。

（八）材料清单

铁架台（含铁圈）1套、漏斗1个、250毫升烧杯若干、玻璃滴瓶若干、滤纸1盒、玻璃棒1支、pH试纸1本、矿泉水1瓶、自来水1瓶、醋1瓶、苏打水1瓶、果粒橙1瓶、可乐1罐。

二、实施内容

（一）活动实施思路

对“免换水生态循环系统”展品（图1）进行趣味讲解，激发观众兴趣。聚焦展品中的水质处理装置，层层深入，揭秘物理过滤机、生态培养机、生物过滤机的作用机理，过程中通过师生互动、科学实验等，让观众了解水质净化、检测、过滤等科学知识。

图1　免换水生态循环系统

（二）运用的方法和路径

通过辅导员讲解，互动实验演示，引导观众观察、思考、讨论，并由辅导员进行总结。

（三）活动流程指南

活动导入

1. 展品中鱼缸内的鱼儿数量较多（图2），为什么鱼缸反而不需要频繁换水呢？

通过讲解揭秘“免换水”的真面目，即免换水生态循环系统。这套系统可以模拟淡水生态鱼缸里的水先经过物理过滤机，清除掉不溶于水的微粒，例如鱼儿的粪便等，就像我们平时用滤纸、海绵来拦截水中的小石子和沙粒一样；然后进入生物过滤机，用化学方法清除溶于水的有害物质，调节水的酸碱度；最后进入生态培养机，培养水体需要的微生物、细菌，为鱼儿创造更好的环境。经过这样 3 个步骤，水体实现净化，永久不用换水。有了这样的环境，鱼儿的数量比传统的养殖方式产量高出 10 倍以上，同时可以充分利用资源，减少浪费。

图 2　密集的鱼群

活动中

●体验环节

2. 引导观众思考，免换水生态循环系统中涉及哪些水质净化方法？提出过滤的概念

免换水生态循环系统的工艺流程：缸体水—物理过滤机（图 3）—生物过滤机（图 4）—

图 3　物理过滤机

图 4　生物过滤机

图 5　生态培养机

生态培养机（图 5）。

物理过滤法：物理过滤机可以滤掉直径大于 0.1 毫米的杂质。

化学过滤法：生物过滤机可以控制水质标准，如铵在 0.15ppm 以下、亚硝酸在 0.1 ~ 0.3 ppm 之内、pH 在 6.8 ~ 7.8 之间。

生物过滤法：生态培养机可以进行微生物、细菌的培养，帮助系统保持生态稳定。

3. 结合展品中涉及的过滤方法，引导观众参与过滤等相关实验

（1）物理过滤实验

由辅导员搭好过滤装置，邀请观众参与“正确使用滤纸”的互动小实验。辅导员现场给观众分发滤纸，引导观众掌握正确的使用方法，随后将准备好的瓶装果粒橙倒入 250 毫升烧杯中，100 毫升左右即可，向观众演示过滤实验，并引导观众观察实验现象（果粒橙中的果肉留在了滤纸上，果汁透过滤纸沿漏斗滴入烧杯中）。探究实验结果，深刻理解物理过滤是一种可以将水中不溶性杂质、废物阻隔下来的方法。

滤纸正确使用方法（图 6）：

① 将过滤纸对折，连续两次，叠成 90° 圆心角形状。

② 把叠好的滤纸，按一侧 3 层，另一侧 1 层打开，成漏斗状。

③ 把漏斗状滤纸装入漏斗内，滤纸边要低于漏斗边，向漏斗口内倒一些清水，使浸湿的滤纸与漏斗内壁贴靠，再把余下的清水倒掉，待用。

④ 将装好滤纸的漏斗安放在过滤用的漏斗架上（如铁架台的圆环上），在漏斗颈下放接纳过滤液的烧杯，并使漏斗颈尖端靠于接纳容器的壁上。

⑤ 向漏斗里注入需要过滤的液体时，右手持盛液烧杯，左手持玻璃棒，玻璃棒下端靠紧漏斗 3 层的一面上，使杯口紧贴玻璃棒，待滤液体沿杯口流出，再沿玻璃棒倾斜之势，顺势流入漏斗内，流到漏斗里的液体，液面不能超过漏斗中滤纸的高度。

⑥ 当液体经过滤纸，沿漏斗颈流下时，要检查一下液体是否沿杯壁顺流而下注到杯底。

否则应该移动烧杯或旋转漏斗，使漏斗尖端与烧杯壁贴牢，就可以使液体沿烧杯内壁缓缓流下。①

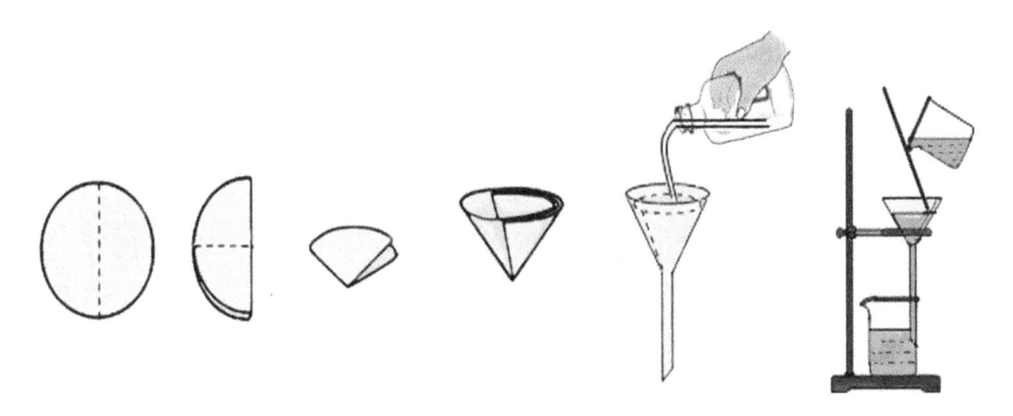

图6 滤纸正确使用方法

用铁架台、烧杯、漏斗、滤纸按照从下到上的顺序搭好过滤装置，用玻璃棒将需过滤的液体慢慢引流到漏斗中，达到过滤的目的。过滤操作中需要谨记以下口诀：一贴、二低、三靠（图7）。

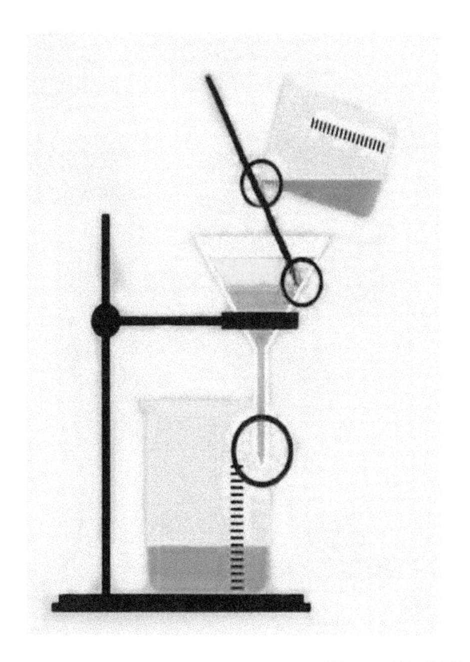

一贴

滤纸要紧贴漏斗内壁

二低

滤纸边缘要低于漏斗边缘
倒入的液体边缘要低于滤纸边缘

三靠

烧杯嘴要紧靠玻璃棒
玻璃棒下端要紧靠3层滤纸边
漏斗的下端要紧靠烧杯的内壁

图7 过滤注意事项

① 滤纸．百度百科[DB/OL].[2019-12-20]https://baike.baidu.com/item/%E6%BB%A4%E7%BA%B8/1184560．

（2）介绍化学过滤法，提出 pH 值的概念，引导观众参与 pH 值检测实验

提问：不溶于水的杂质可以通过物理过滤的方法去除，那怎么处理溶于水的杂质呢？

化学过滤法利用过滤材料，通过化学的方法，去除可溶于水的有害物质，或调节 pH 值（酸碱度）。

介绍水质检测标准之一——pH 值，水质呈酸性时 pH 值小于 7；呈碱性时 pH 值大于 7；呈中性时 pH 值等于 7。这个数值是如何来检测的呢？这就要利用到 pH 试纸，试纸具有结果颜色可对比性，因此对于大致了解溶液的酸碱程度具有十分直观的特点。

辅导员演示 pH 试纸的正确使用方法，邀请观众用 pH 试纸检验生活中的矿泉水、可乐、果粒橙、醋、苏打水等液体的 pH 值。

pH 试纸的使用方法：

打开 pH 试纸包装盒，会发现里面含有 pH 颜色比对卡和 pH 试纸两部分（图 8）。

图 8　pH 试纸与比色卡

使用时，撕下一条，放在表面皿中，用一支干燥的玻璃棒蘸取一滴待测溶液，滴在试纸中部。或者用滴管取少量被测溶液，滴到 pH 试纸上。稍等片刻，试纸颜色将起变化。

根据试纸的颜色与标准比色卡比对就可以知道溶液的酸碱性度。通常情况下，pH 值越小，则溶液酸性越强；pH 值为 7 时，显中性，接近于水的酸碱性；pH 值越大，则溶液碱性越强（图 9）。

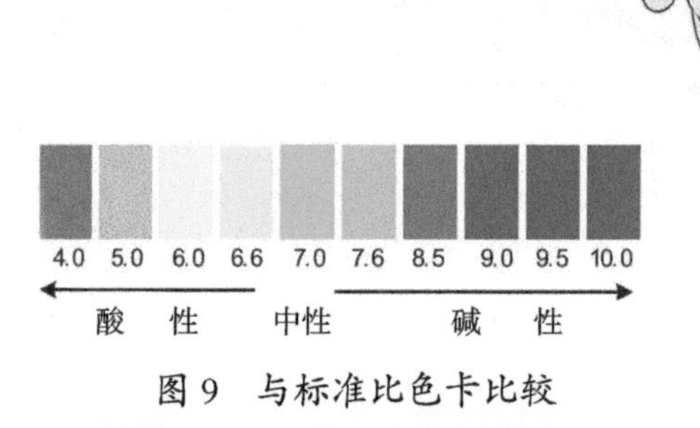

图 9　与标准比色卡比较

（3）介绍生物过滤法进行水质净化的原理

生物过滤法可以理解为水中微生物对于改善水质起到的良好作用。通过运用过滤材料，提供硝化细菌良好的生长空间，利用硝化细菌的生物作用，把鱼类、水草新陈代谢产生的有毒废物转化为无毒物质。

结束后，抛出问题："免换水生态循环系统里的过滤装置共有 3 个，生态培养机对应着生物过滤法。那么，生活中有哪些水质净化过程利用了此方法呢？"引导观众向降雨、土壤、河流或海洋自然界的水循环系统方向思考。用平板电脑带领观众观看工业上利用生物过滤法来处理印染废水的视频，介绍"芬顿法"（图 10）。

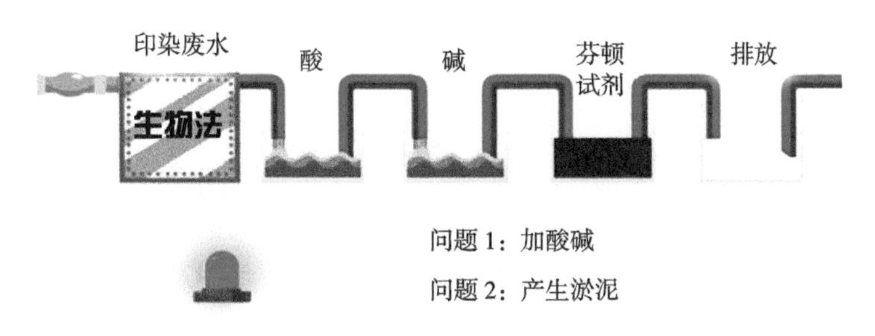

图 10　芬顿法视频截图

●反思环节

4. 过滤方法的对比解析

物理过滤与生化过滤没有本质上的区别，只有功能上的区别。两种过滤方式是一种互补关系，都是为了维持水质符合鱼的生存需要。物理过滤干的是粗活，把住过滤的第一道关，以清除水中杂质微粒为己任；生化过滤干的是细活，干物理过滤干不了的活，将有害物质转化为有益物质。

物理过滤的效果越好，过滤后残留的杂质越少，生化过滤的任务就越轻松，所需要的生化过滤材料就越少；相反，需要的生化过滤材料就越多。试想，如果没有过滤棉将杂质过滤掉，硝化菌要将不断增多的鱼便等杂质所产生有害物质全部分解掉，那将是一件十分困难的事，甚至是不可能的事。

生活在淡水环境中的鱼儿会有排泄物，所以家中的观赏鱼缸中的水会出现浑浊现象。有些鱼缸过滤装置是靠水泵打到过滤盒里，过滤盒里有珊瑚石和过滤棉，通过纯物理过滤进行水的净化。

活动小结

5. 任务卡

活动结束后，发放任务卡，可以让大家根据此次的活动内容，并结合展区展品完成任务卡。

（1）观看“苏州河的变迁”剧场，思考苏州河的水质是如何从污浊变得澄清的？

（2）观看视听室中的《湿地趣闻》影片，记录湿地中的水循环过程。

三、活动拓展

（一）水质

水体质量的简称。它标志着水体的物理（如色度、浊度、臭味等）、化学（无机物和有机物的含量）和生物（细菌、微生物、浮游生物、底栖生物）的特性及其组成的状况。①

水质为评价水体质量的状况，规定了一系列水质参数和水质标准。如生活饮用水、工业用水和渔业用水等水质标准。

（二）过滤

化学中将不溶性的固体与液体分离的操作方法。例如，粗盐水的过滤就是采用过滤的方法，除去食盐中的固体不溶物。

（三）氢离子浓度指数

指溶液中氢离子的总数和总物质的量的比，是 1909 年由丹麦生物化学家索伦森（Soren Peter Lauritz Sorensen）提出。p 来自德语 Potenz，意思是浓度、力量，H（hydrogenion）代表氢离子。氢离子活度指数的测定，定性方法可通过使用 pH 指示剂、pH 试纸测定，而定量的 pH 测量需要采用 pH 计来进行测定。②

（四）自来水的净化过程

过程见图 11。

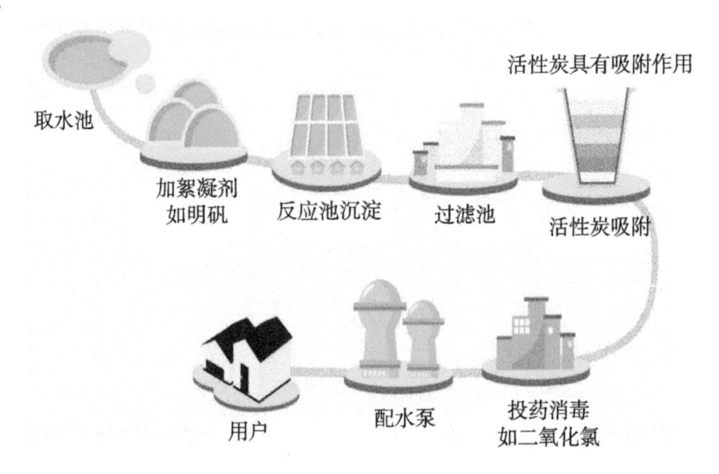

图 11　自来水厂净化水的过程

① 水质 . 百度百科 [DB/OL]. [2019-12-20]https://baike.baidu.com/item/%E6%B0%B4%E8%B4%A8/5376284 .

② 氢离子浓度指数 . 百度百科 [DB/OL]. [2019-12-20]https://baike.baidu.com/item/%E6%B0%A2%E7%A6%BB%E5%AD%90%E6%B5%93%E5%BA%A6%E6%8C%87%E6%95%B0/6837208?fromtitle=PH&fromid=5582177.

（五）常用的固液混合物的分离方法

沉淀、过滤和吸附，不仅在工业中常用，同时也是实验室分离混合物常用的方法。

（六）生活中对“水”的误解

1. 弱碱性的水才健康

我们的机体是一个精密的缓冲体系，比如血液的 pH 值正常范围是 7.35 ~ 7.45，只有这样才能保证各种生理功能正常。水的弱碱性来自矿物质，比如碳酸盐、偏硅酸盐等，但这些微量的矿物质对人体的生理影响根本无法与来自膳食的宏量营养素相提并论。就连所谓的酸性食物、碱性食物也不能大幅改变我们的体液 pH 环境，更何况水呢?

2. 果汁更有营养、更健康

现在大家生活水平提高了，对健康也更讲究，有些家长就觉得给孩子喝果汁比喝水更有营养。实际上，果汁永远无法替代水果，因为果肉还含有丰富的膳食纤维素等其他营养物质，也有更强的饱腹感，不会吃太多。现在家长一般都知道不给孩子喝高糖碳酸饮料，而果汁里其实也含有丰富的糖分，当水喝一样会导致能量摄入过多。家长应该从小让孩子养成口渴喝白开水的习惯，同时多鼓励孩子吃水果，而不是抱着各种果汁饮料不放。

小结：普通成年人一天需要补充大约 2 升水，其中 800 毫升左右可以从食物中获得，所以还要喝 1200 毫升左右。如果是夏天，或者运动量大、流汗多，就应该再多喝一些。北方空气干燥，也可以适当多喝点水。

饮水应该少量多次，要有意识地主动喝水，而不是感到口渴时再喝，尤其是老人的感觉不敏感，更需要及时补充水。早晨起床要喝一杯水，晚上睡前不要喝太多水以免频繁起夜。剧烈运动后不要马上大量喝水，慢慢喝比较好。对于结石体质的人和患有肾结石的人，应该适当多喝水以减少尿盐析出。

喝水的根本目的是满足机体对水的需求。水说白了主要就是体内营养物质和代谢废物的搬运工，它只是一个载体，无论你喝什么水都不可能把它当作营养来源，也不可能有什么神奇的功效。平衡膳食，保证充足的饮水，适量运动和良好生活规律，才是健康的根本。

（徐瑞芳）

土之形下的艺之魂——从泥土到国粹的升华

一、方案陈述

（一）主题

陶瓷。

（二）科学主题

泥土到陶瓷的演化，传统工艺和现代科技的升华。

（三）相关展品

地壳探秘——盐矿长廊、设计师摇篮——3D 打印教室。

（四）传播目标

1. 激发科学兴趣。由地壳探秘的大量矿物标本展示，介绍部分矿物在生活、生产中的实际应用，激发观众对于陶瓷的兴趣，举例生活中的陶瓷。

2. 理解科学知识。以瓷器为启发点，引发观众对陶器的思考，同时让观众亲自动手制作简单的小艺术品，帮助观众领悟属于中国传统的工匠精神。

3. 从事科学推理。引导观众思考，无法通过手工快速实现的一些复杂的艺术品该如何制作。

4. 反思科学。如何利用 3D 打印。

5. 参与科学实践。通过任务卡，让观众通过之前的介绍、互动，根据展厅中其他的展品深入了解 3D 打印。

（五）组织形式

1. 活动形式：实物展示、DIY 制作。
2. 活动观众：5 名左右小学生。
3. 活动时长：20 分钟左右 / 场。

（六）注意事项

1. 展示陶瓷实物时注意提醒观众轻手轻脚以防摔碎。
2. 动手操作捏泥巴的时候不要把黏土掉落到地上或者蹭到身上。
3. 使用工具时不要戳到自己或他人。
4. 做好的陶泥作品妥善保护，不要磕坏变形。

（七）学生手册

1. 认真听讲解，积极参与互动，了解陶瓷材料、生活中的陶瓷及陶瓷生产过程。了解 3D 打印过程以及 3D 打印的运用。

2. 在动手过程中感知从淘泥到陶瓷作品的变化。

3. 积极参加讨论，认真思考，总结。

（八）材料清单

茶杯具、瓷砖、花瓶、手工陶泥套装、超轻黏土套装、3D 打印陶瓷成品、一次性手套、儿童反穿衣、iPad Pro。

二、实施内容

（一）活动实施思路

第一部分：联系展品。回顾盐矿长廊的矿石展品，让观众辨认一下各种矿石。

第二部分：从矿石引导出主题，了解陶瓷材料特性。陶器经过历时变迁仍沿用至今不被淘汰，其中的奥秘是什么呢？通过提供各种类型的陶器，形象立体地感受陶瓷特性，感受由科学与艺术带来的双重美感。

第三部分：动动脑，捏捏泥，创造属于你的陶器。提供简单的工具套装，激发属于观众天马行空的无限创造力，亲自感受由陶土到陶器的过程，并进一步详细介绍陶器的制作过程。

第四部分：认识 3D 打印的优势。利用 iPad 播放图片和视频向观众介绍 3D 打印的优势及成品。通过现代的手段使曾经只能是想象的复杂艺术品还原到现实中。

（二）运用的方法和路径

多元化的讲解手段配合观众亲手体验，结合展品现场感受，激发观众探索精神。

（三）活动流程指南

活动导入

首先进行主题引入，主要采用互动问答的形式。

1. “地壳探秘”展区内的矿石和我们的日常生活有哪些直接的联系吗？

地壳探秘展区作为科技馆经典展区之一，一直以来受到游客的青睐，其中的地震历险展项更是场场爆满。相信很多游客对一进展区就可以看到的盐矿长廊记忆犹新，一块块矿石或瑰丽闪耀或深沉厚重，记录着地球几十亿年的地质变迁。我们今天的主题是从泥土到国粹的升华，即陶瓷，那么陶瓷是由哪些矿石制作而成的呢？陶瓷是由长石、黏土以及石英烧结而成，主要的组成元素有硅、铝和氧，盐矿长廊中也有相关矿石。（见图 1、2、3）

图 1

图 2

图 3

接着，展示以下实物：（图 4、5、6）

图 4

图 5

图 6

大家对这些东西肯定不陌生，在我们日常生活中随处可见。那大家知道它们都是由什么材料制作的吗？没错，就是我们今天的主角——陶瓷！

活动中

●发现环节

2. 看了这三样实物之后，提出问题：在我们生产、生活中，陶瓷还扮演着什么角色？

从每个人都必需的“衣、食、住、行”等 4 个角度分类可较全面地概括陶瓷的用途。

衣：部分服装上的配饰以及首饰，例如耳环、扣子、项链等。相比常见的金属饰品，陶瓷制作更加耐腐蚀且成本较低，近年来被越来越多的人所接受。通过在表面覆盖不同类型的釉质，可呈现出千变万化的艺术效果。

食：绝大多数厨房餐具都可使用陶瓷制作，例如勺子、筷子、碗碟等。早在商代中期，原始青瓷就被当时各个阶层人士做成碗来使用，广受好评。时至今日，陶瓷餐具由于其方便清洗、手感细腻温润的特性仍旧保持着很高的市场占有度。经过几代的技术改良，现在许多陶瓷餐具使用的是釉下彩工艺，将所有的花纹装饰图案都画在瓷胚上，避免了颜料与食物的直接接触，更加安全健康。

住：在房屋的装潢中陶瓷随处可见，例如瓷砖、屋瓦、地砖等。瓷砖最先的使用者是埃及人，后来在中世纪的拜占庭时期达到了巅峰。瓷砖的优点主要有吸水率较低，用于卫生间的装潢可保持长时间不留痕迹，同时良好的耐酸性和耐磨度保证瓷砖有较长的使用寿命。

行：由于陶瓷对于高温拥有极佳的耐性，科学家通过一定的成分调整制作出了陶瓷引擎。我国早在 1991 年就实现了陶瓷引擎在客车上的实际使用，第一班车完成的是从上海到北京的路程，颇有纪念意义。相比较传统的金属引擎，陶瓷引擎的重量更轻，体积更小，但热效率更高，因此可以大幅度减少燃料的消耗。在航天航空领域，陶瓷也有其一席之地。科学家研发出了耐超高温陶瓷来制作绝缘体的涂层，保护航天设备在 1800℃的极端环境下不受损伤。

●体验环节

在介绍完陶瓷的运用和如何让陶瓷变硬之后，我们来复习一个问题：陶瓷是什么做出来的呢？答案是黏土、石英和长石等。

3. 向观众展示黏土并分发，让他们感受一下黏土的特性之后鼓励他们打开脑洞随意创作（大约 10 分钟），完成后向听众介绍陶瓷的详细制作过程

（1）淘泥、摞泥

成品瓷器精美绝伦，但没有经过任何加工前只是普普通通，甚至是毫不起眼的高岭土。把瓷土淘成可用的瓷泥就是制瓷的第一道工序——淘泥。将泥料中的气泡挤出，使水分分布更为均匀，防止后续烧制时发生开裂和变形的情况。淘好的瓷泥要进行初步分割，一般做成柱状以方便储存和后续的拉坯。这个步骤我们称为摞泥。

（2）拉坯、印坯

完成摞泥之后我们就可以开始对原材料进行加工了。首先要做的就是把瓷泥初步加工成瓷坯。其过程大致为将瓷泥放置于专门的坯车（形状类似一个大转盘）上，高速旋转坯车上的转盘，同时用手和拉坯工具进行拉制，将瓷泥拉成瓷坯。拉坯又被称为“走泥”，使瓷泥拥有器具最初的造型与尺寸，为之后的进一步制造打下基础。也可利用不同的印模，将瓷坯印成自己需要的形状。

（3）修坯

刚刚印好的毛坯一定会有些边缘不光滑等情况，这个时候就需要通过修坯这一工序将印好的坯修刮整齐，使其表面光滑匀称。

（4）捺水

捺水是画坯前的一道重要的工序，只有用清水将坯上的尘土洗去，使其表面更有利于接下来画坯和上釉。

（5）画坯

人们对于美的追求是永无止境的，瓷坯完成后要进行画坯，来打造千物千面的独特美感。画坯是艺术家自由创作的过程，把自己的作品呈现在独特的载体——陶瓷上。不同用处的瓷器根据使用方式与使用地的差异，画坯风格也不尽相同，泼墨山水、花鸟树木、人物风情、社会风貌，瓷器画也可以成为靓丽的风景来装点生活的方方面面。在坯上作画是陶瓷艺术的一大特色，画坯有好多种，有写意的、有贴好画纸勾画的，无论怎样画坯都是陶瓷工序中的点睛之笔。

（6）上釉

上釉能为陶瓷起到装饰作用，也能使陶瓷表面光滑，不容易沾上污渍。釉面也能使釉下的装饰颜料中的金属不易释放出来，在使用陶瓷时更加安全。

（7）烧窑

烧窑是指通过高温使瓷坯烧制成型的过程。将晾干并施好釉的瓷坯放进窑内进行高温烧制。烧窑的技术含量很高，窑厂的窑工凭借丰富的经验和火眼金睛把控着火候和时间。

（8）成瓷

经过烧炼，窑内的瓷坯已摇身一变成了一件件精美的瓷器。

（9）修补

经过烧制的瓷器可能会存在一点点的瑕疵，为了使其更加完美，可对其进行修补。

●思考环节

陶瓷在经过能工巧匠的精心打磨之后会呈现出各种形态，但一直以来它给人的第一印象往往是脆弱的，就好像瓷碗掉到地上便“粉身碎骨”。不过大家有没有注意到，似乎在生活中陶瓷的有些用处和它柔弱的特性有些不符，比如：

4. 陶瓷刀以及陶瓷锤子，看上去仿佛是在以卵击石，但现实使用中毫无问题，那这些是如何做到的呢?

陶瓷刀：其实陶瓷刀的原理很简单。陶瓷虽然一砸就碎，但其硬度很高，如果你用力去折它，陶瓷很难被折断。陶瓷的硬度可高达 9，甚至超过了普通的金属刀具，长时间的使用也不会出现我们常说的“刀钝”情况。而之前一直说到的一砸就碎是因为陶瓷非常脆，相对而言金属拥有更好的柔韧性，所以陶瓷刀在处理水果、蔬菜、肉类等食品时游刃有余，但对于大骨头等坚硬食品的砍和剁便无能为力了。

陶瓷锤子：在讲解陶瓷锤子之前我们先来探讨一下陶瓷破碎的过程。陶瓷表面看起来洁白无瑕，但如果将它放大数倍，就能发现在陶瓷内部存在着一定数量的细小裂痕。在普通使用状态下这些裂痕并不会产生问题，但当陶瓷受到猛烈的外力作用（例如敲、撞等）时，细小裂痕就会迅速扩张变大并最终汇集，我们能看到的结果就是陶瓷的“粉身碎骨”。根据这个过程，如果想要大幅度增强陶瓷的抗击打能力，最直观的办法就是防止这些细小裂痕受到外力时的扩张。科学家通过调整陶瓷原料的成分实现了此目的。简单地来说，把少量的 Y_2O_3、CaO、MgO 加入氧化锆陶瓷的原料中，经过烧制成为一种新产品——韧性陶瓷，或者更为形象地称为陶瓷钢。经过充分改良的氧化锆在烧制时会变成四方晶体和立方晶体两种晶体。受到猛烈外力时，四方晶体会转变为一种单斜晶体，体积随之变大，以此阻止了裂痕的扩大，陶瓷就不会破裂。陶瓷钢不仅具有不脆的优点，还具有强度大、硬度高和不怕腐蚀等优越性能。

●拓展环节

5. 3D 打印的出现对传统陶瓷生产的影响

科技的快速发展不仅影响着我们的生活，更加影响着我们生活中的日用品。陶瓷作为传统产业从最初的纯手工制作，到如今的机械化生产，可以说陶瓷生产发展得很快。而 3D 打印的出现更是有效地提高了陶瓷的模型制作和成型，人们不必花费很多的时间等待一个产品从制膜到成型的过程。所以 3D 打印科技带给了陶瓷产业不可想象的力量。3D 打印机如图 7 所示。

3D 打印陶瓷：传统的陶瓷制作会有诸多限制只能制造简单三维形状的产品，且成本高、周期长。陶瓷 3D 打印技术的出现打破了原先的诸多限制，使复杂陶瓷产品的制作成为可能，并且有操作简单、速度快、精度高等优势。3D 打印与普通打印工作原理基本相同，只是打印材料有些不同，普通打印机的打印材料是墨水和纸张，而 3D 打印机内装有金属、陶瓷、塑料、砂等不同的“打印材料”，是实实在在的原材料，打印机与电脑连接后，通过电脑控制可以把“打印材料”一层层叠加起来，最终把计算机上的蓝图变成实物。通俗地说，

图 7

3D 打印机是可以“打印”出真实的 3D 物体的一种设备，比如打印一个机器人、打印玩具车，打印各种模型，甚至是食物等。之所以通俗地称其为“打印机”是参照了普通打印机的技术原理，因为分层加工的过程与喷墨打印十分相似。这项打印技术称为 3D 打印技术。那我们 3D 陶瓷打印技术的主要材料有：浆料，陶瓷成分与其他溶剂及添加剂的混合物，通过物理、化学的方式成型；陶瓷丝材，用于熔融堆积工艺；陶瓷粉末，陶瓷粉末、矿化物、黏结剂等的混合物，用于激光烧结、粘接等；陶瓷薄片，片压成型、粘接。所以，传统技术在当代科技的融合下可以绽放出全新的光芒。（图 8、9）

图 8　3D 打印“青花瓷”

图 9　3D 打印瓷塑像

活动小结

通过本列车的讲解，帮助观众对陶瓷有全面地了解。陶瓷经过岁月变迁也见证了中华的历史长河静静流淌，如今通过与新科技的交相辉映以更美好的姿态展现在我们面前。希望大家能好好学习，在不久的未来，用你们的双手和智慧创造出更为精湛的陶瓷材料，在人类的发展史上写下属于我们中国人浓墨重彩的一笔！

三、活动拓展

1. 陶瓷①

陶瓷英语：china，是陶器和瓷器的总称。用陶土烧制的器皿叫陶器，用瓷土烧制的器皿叫瓷器。凡是用陶土和瓷土这两种不同性质的黏土为原料，经过配料、成型、干燥、焙烧等工艺流程制成的器物都可以叫陶瓷。

2. 陶瓷特性②

说到陶瓷特性，难免将陶与瓷分开来谈。

陶质材料：与瓷相比，陶的质地相对松散，颗粒也较粗，烧制温度一般在 900℃～1500℃之间，温度较低，烧成后色泽自然成趣，古朴大方，陶的种类很多，常见的有黑陶、白陶、红陶、灰陶和黄陶等，红陶、灰陶和黑陶等采用含铁量较高的陶土为原料，铁质陶土在氧化气氛下呈红色，还原气氛下呈灰色或黑色。

瓷质材料：与陶相比，瓷的质地坚硬、细密、严禁、耐高温、釉色丰富等特点，烧制温度一般在 1300℃左右，常有人形容瓷器“声如磬、明如镜、颜如玉、薄如纸”，瓷多给人感觉是高贵华丽，和陶的那种朴实正好相反。

3. 陶瓷材料③

普通材料：采用天然原料如长石、黏土和石英等烧结而成，是典型的硅酸盐材料，主要组成元素是硅、铝、氧，这三种元素占地壳元素总量的 90%，普通陶瓷来源丰富、成本低、工艺成熟。这类陶瓷按性能特征和用途又可分为日用陶瓷、建筑陶瓷、电绝缘陶瓷、化工陶瓷等。

特种材料：采用高纯度人工合成的原料，利用精密控制工艺成形烧结制成，一般具有某些特殊性能，以适应各种需要。根据其主要成分，有氧化物陶瓷、氮化物陶瓷、碳化物陶瓷、金属陶瓷等；特种陶瓷具有特殊的力学、光、声、电、磁、热等性能。

4. 为什么陶瓷可以呈现各种美丽的颜色？

大家喜欢陶瓷的因素有许多，但其中手感温润如玉的釉面和缤纷多样的色彩一直以来都是最重要的原因。在陶瓷中，铁的氧化物对陶瓷的多彩纷呈起到了决定性作用，用专业的话来说，氧化铁是陶瓷主要的呈色剂。铁氧化物广泛存在于黏土中，导致了釉的制作原料中也一定会有。而釉最终颜色的呈现，也就决定于其含有的铁元素含量的多和少。除此以外，釉颜色的差异也会被其烧成气氛所影响。通过不同颜色的搭配，釉色得以呈现不同

① 陶瓷 . 百度百科 [DB/OL].[2019-12-20] https://baike.baidu.com/item/%E9%99%B6%E7%93%B7/2681?fr=aladdin#1 .
② 陶瓷特性 . 百度百科 [DB/OL].[2019-12-20]https://baike.baidu.com/item/%E9%99%B6%E7%93%B7/2681?fr=aladdin#1.
③ 陶瓷材料 . 百度百科 [DB/OL].[2019-12-20]https://baike.baidu.com/item/%E9%99%B6%E7%93%B7%E6%9D%90%E6%96%99/4551332?fr=aladdin.

的主题，为陶瓷注入悦动的活力和更高的艺术价值。

5. 莫氏硬度[①]

陶瓷之所以能被制作成刀具和锤子，是因为陶瓷的莫氏硬度可高达 9，仅次于地球最硬天然宝石（钻石）。

莫氏硬度是表示矿物硬度的一种标准，又称摩氏硬度。1822 年由德国矿物学家腓特烈·摩斯（Frederich Mohs）首先提出。是在矿物学或宝石学中使用的标准。莫氏硬度是用刻痕法将棱锥形金刚钻针刻画所测试矿物的表面，并测量划痕的深度，该划痕的深度就是莫氏硬度，以符号 HM 表示。也用于表示其他物料的硬度。用测得的划痕的深度分 10 级来表示硬度（刻画法）：滑石 1（硬度最小），石膏 2，方解石 3，萤石 4，磷灰石 5，正长石 6，石英 7，黄玉 8，刚玉 9，钻石 10。被测矿物的硬度是与莫氏硬度计中标准矿物互相刻画比较来确定。此方法的测值虽然较粗略，但方便实用，常用以测定天然矿物的硬度。

6. 陶瓷保养

（1）一般家中所用的陶瓷可以用洗洁精进行清洗。

（2）用肥皂水加少量的氨水擦拭或用亚麻子与松节油的混合溶液擦拭，去污效果好且瓷砖表面有光泽。

（3）陶瓷表面如果沾上墨汁等着色性强的液体，应该立即擦拭干净。

（4）为使陶瓷使用更持久，定期为抛光砖打蜡起保护作用，时间间隔 2 ~ 3 个月为宜。

（5）在陶瓷的划痕处涂牙膏并用柔软的干布用力擦拭可以把划痕擦干净。

7. 3D 打印

3D 打印是一种基于数字模型文件，使用金属粉末或塑料等材料，一层一层地快速构建物体的技术。 3D 打印通常使用数字技术材料打印机利用计算机将“打印材料”一层一层地构造起来，最终将计算机上的图纸变成一个真实的物体。常用于模具制造、工业设计等领域，现在也采用 3D 打印技术打印零件，逐渐用于一些产品的直接制造。 3D 打印技术可应用于珠宝、鞋类等工业设计行业，以及工程和建筑、汽车制造、航空航天、牙科和医疗行业，教育、地理信息系统、土木工程、枪械制造和其他应用领域也能看到它的身影。

8. 3D 打印过程[②]

（1）三维设计

三维设计的设计过程是：先通过计算机建模软件建模，再将建成的三维模型“分区”成逐层的截面，即切片，从而指导打印机逐层打印。

（2）切片处理

打印机通过读取文件中的横截面信息，用液体状、粉状或片状的材料将这些截面逐层

① 莫式硬度 . 百度百科 [DB/OL].[2019-12-20]https://baike.baidu.com/item/%E8%8E%AB%E6%B0%8F%E7%A1%AC%E5%BA%A6/1605832?fr=aladdin.

② 3D 打印过程 . 百度百科 [DB/OL]. [2019-12-20]https://baike.baidu.com/item/3D%E6%89%93%E5%8D%B0/9640636?fr=aladdin#3 .

地打印出来，再将各层截面以各种方式粘合起来从而制造出一个实体。这种技术的特点在于它几乎可以造出任何形状的物品。用传统方法制造出一个模型通常需要数小时到数天，根据模型的尺寸以及复杂程度而定。而用三维打印的技术则可以将时间缩短为数个小时，当然其是由打印机的性能以及模型的尺寸和复杂程度而定的。传统的制造技术如注塑法可以较低的成本大量制造聚合物产品，而 3D 打印技术则可以更快，用更有弹性以及更低成本的办法生产数量相对较少的产品。

（3）完成打印

3D 打印机的分辨率对大多数应用来说已经足够（在弯曲的表面可能会比较粗糙，像图像上的锯齿一样），要获得更高分辨率的物品可以先用当前的 3D 打印机打出稍大一点的物体，再稍微经过表面打磨即可得到表面光滑的“高分辨率”物品。有些技术可以同时使用多种材料进行打印。有些技术在打印的过程中还会用到支撑物，比如在打印出一些有倒挂状的物体时就需要用到一些易于除去的东西（如可溶物）作为支撑物。

（胡晓菁）

榫卯之间

一、方案陈述

（一）主题

榫卯之间。

（二）科学主题

通过展品互动了解什么是榫卯结构，了解榫卯结构的抗震性，反思为什么现在家具很少使用榫卯结构。

（三）相关展品

明式椅。

（四）传播目标

1. 激发科学兴趣。由现场道具互动演示，激发观众对于榫卯结构的兴趣。
2. 理解科学知识。通过实验道具互动体验，了解榫卯结构的特点。
3. 从事科学推理。引导观众思考，为什么榫卯结构的抗震性能优越。
4. 反思科学。榫卯结构具有优越性，但为什么现代家具几乎不再使用榫卯结构？
5. 参与科学实践。通过任务卡，让观众通过之前的互动学习，了解更多的榫卯结构设计与利用。

（五）组织形式

1. 活动形式：演示加互动实验。
2. 活动观众：全年龄。
3. 活动时长：30 分钟左右 / 场。

（六）注意事项

榫卯结构道具互动环节注意安全性，防止夹到手指。

（七）学生手册

1. 认真听讲解，积极参与互动，了解榫卯结构，以及在日常生活中的利用。
2. 积极参加讨论，认真思考总结。
3. 根据探索任务卡，在展区进行深度展品观察。

（八）材料清单

明式椅、鲁班锁、榫卯结构模型。

二、实施内容

（一）活动实施思路

从鲁班锁的互动开始，激发观众的兴趣。通过一系列的榫卯结构模型，让观众了解榫卯结构及其特点，抗震的优越性。并引导观众思考，为什么榫卯结构在现代社会中使用越来越少。

（二）运用的方法和路径

通过辅导员讲解，互动实验演示，引导观众观察、思考、讨论，并由辅导员进行总结。

（三）活动流程指南

活动导入

1. 揭秘鲁班锁

大家都玩过鲁班锁吧，这是一种曾广泛流传于古代民间的智力玩具，也有人叫它孔明锁。所以对于它的来历有两种说法，一种是相传由春秋末期到战国初期的鲁班发明；另一种说法是在三国时期孔明把鲁班的这种发明制成了一种玩具——孔明锁。看似就这么几块木条，可不要小瞧了它，尝试一下，这些散落的部件可以组合成照片中的样子吗？（图 1）

图 1

鲁班锁，它的种类特别的多，四季锁、九方锁、十二方锁、方角鲁班球、姐妹球等。仔细观察发现：鲁班锁，其实就是几块有凹凸造型的木板，让木板凹凸部分相互啮合，然后就固定住了，如果凹凸造型的木板增多，样式增多，拼装起来会是什么样子呢，试试看能不能拼出一张桌子？（图 2）

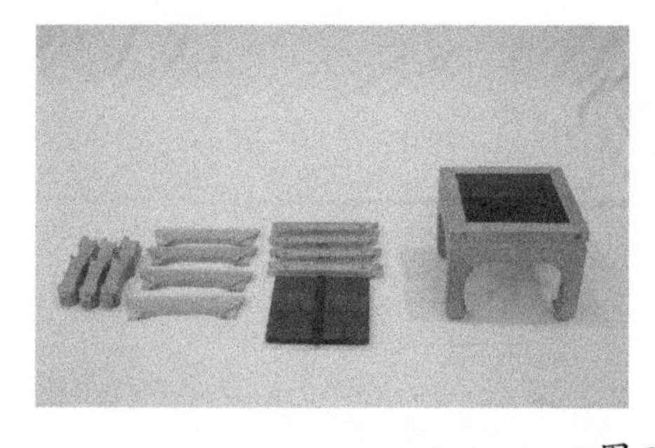

图 2

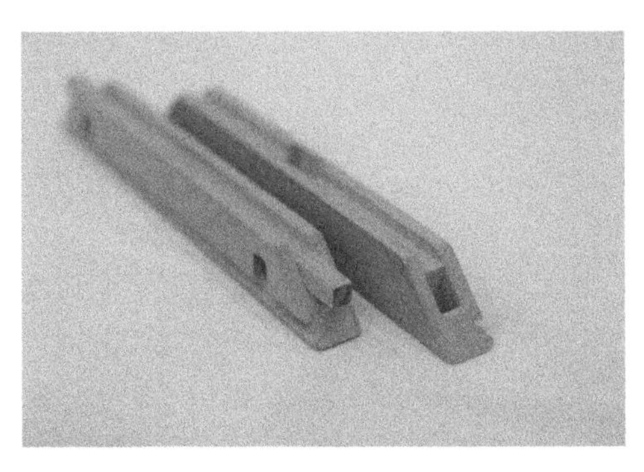
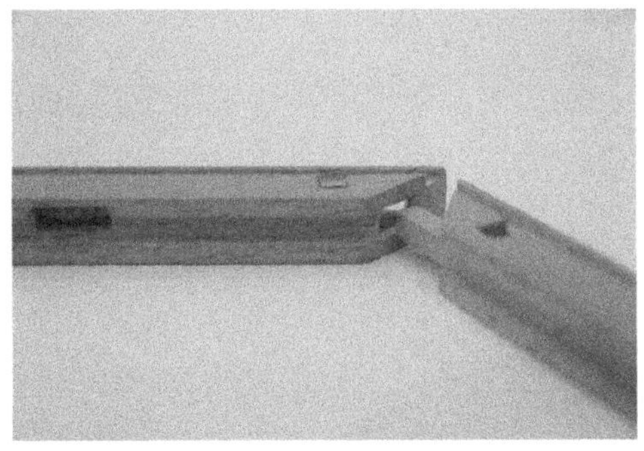

图 3

相信大家都感受到了这“中国智慧”，看上去简单的几块木板，但是要组装起来，真的没那么容易。刚才大家组装的鲁班锁、小桌子，木板固定处的凹凸造型都叫作榫卯结构。榫卯结构：在两个木构件上，所采用的一种凹凸结合的连接方式。凸出部分叫榫，凹进部分叫卯，榫和卯咬合起到连接作用。（图 3）

活动中

●探索环节

2. 古往今来，榫卯结构都出现在哪些经典作品中？

榫卯结构，作为中国传统文化的一部分，最早可追溯到 7000 年前的新石器时代。浙江省余姚市的河姆渡文化遗址中出现的原始居民的木房子可以证实，从出土的大量木构件中可以发现，当时的祖先已经开始使用榫卯结构，[①] 在之后的发展历史中，榫卯结构也是伴随着中国古代木建筑的发展而逐步发展起来的。

故宫：

中国现存最大、最完整的古建筑群，被称为“殿宇之海”，气魄宏伟，极为壮观。故宫建筑中木构架结构的连接，特别是屋顶，大量使用了榫卯结构。（图 4）

图 4

① 李琪 . 古建筑木结构樟卯及木构架力学性能与抗震研究 [D]. 西安建筑科技大学，2008.

Tamedia 媒体大厦

日本建筑师坂茂在瑞士，建造了一座神奇的房子。建筑师用近 2000 立方米循环再生的云杉木打造了房子的骨架，在结构上没有用一点钉子，而是像搭积木、拼装玩具一样，用榫卯结构将各个独立的部件连接在一起。由于各个木质部件紧密结合在一起，万一出现地震、火灾等情况，就有可能因为一个部件的损毁，导致大面积坍塌，为了避免这种情况，独特的梁、柱设计让受力更加均匀合理，一定程度上保障了建筑的稳固。（图 5）

图 5

红木家具

榫卯结构，被称作红木家具的“灵魂”，木构件上榫和卯简单地咬合，便将木构件结合在一起，由于连接构件的形态不同，由此衍生出千变万化的组合方式，使红木家具达到功能与结构的完美统一。以明式家具为代表的硬木家具的出现，将榫卯技术推上了技术的高峰，也成为中国传统美学中自然天成的最具代表性的技艺。即使在当代，榫卯结构仍被视为红木家具的标志，可谓“无榫卯，不红木”，代表传统工艺中精密、细致、智慧的工艺水平和匠人精神。（图 6）

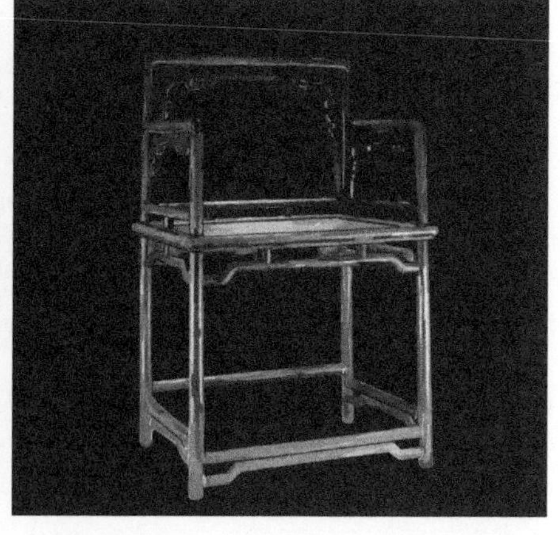

图 6

●发现环节

3. 经典的榫卯结构样式有哪些?

榫卯结构，是木件之间多与少、高与低、长与短之间的巧妙组合。我国古代的能工巧匠，以其天马行空的想象力和精湛的工艺手法，创造出了无与伦比的榫卯构造方式。在牢固的基础上，不同的榫卯满足于不同的应用方式，其榫卯结构样式更是多达近 100 种，这里为大家展示几种常见的榫卯结构样式。①

（1）面与面

这一类主要是面与面的接合，也可以是两条边的拼合，还可以是面与边的交接构合，如“燕尾榫”“穿带榫”等。

穿带榫：在椅子座面、衣柜面等部位常见。将相邻的薄板开出下大上小的槽口，用推插的方法将两板拼合，还能防止从横向拉开。拼合粘牢之后，在其上开一个上小下大的槽口，里面镶嵌的是一个一面是梯形长榫的木条，即为穿带，长榫从宽的一边推向窄的一边，就像腰带一样穿过。②（图 7）

图 7

（2）点与面

另一类是作为点与面的结构方法。主要用于作横竖木材丁字结合，成角结合，交叉结合，以及弧形材的伸延接合。如“夹头榫”“锲钉榫”等。

夹头榫：连接桌案的桌腿和桌面的结构，有案形家具的腿与面的结合不在四角，而在长边两端收进的一些位置，桌腿上端开一条口，夹住牙条和牙头，并在上部使用长短榫与案面结合。（图 8）

① 葛鸿鹏 . 中国古代木结构建筑榫卯加固抗震试验研究 [D]. 西安建筑科技大学，2004.
② 葛鸿鹏 . 中国古代木结构建筑榫卯加固抗震试验研究 [D]. 西安建筑科技大学，2004.

图 8

（3）构件组合

还有一类是将 3 个构件组合一起并相互连结的构造方法。如常见的有“抱肩榫”“粽角榫”等。

抱肩榫：在束腰结构家具中常用的榫卯结构之一，在腿足上部承接束腰和牙板的部位，切出 45° 斜肩，并在斜肩向内凿出三角形卯眼，相应的牙条作 45° 斜肩，并留出三角形榫头，两相扣接，严丝合缝。[①]（图 9）

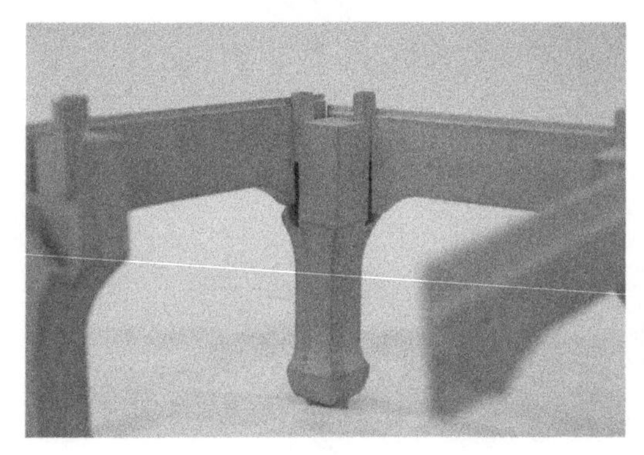

图 9

●反思环节

4. 为什么榫卯结构的抗震性能好?

从物理性质方面来讲，木质材料由纵向纤维构成，只在纵向上具备强度和韧性，

① 葛鸿鹏 . 中国古代木结构建筑榫卯加固抗震试验研究 [D]. 西安建筑科技大学，2004.

横向容易折断。榫卯结构通过变换其受力方式，使受力点全部作用于纵向，避弱就强。[①]（图10）

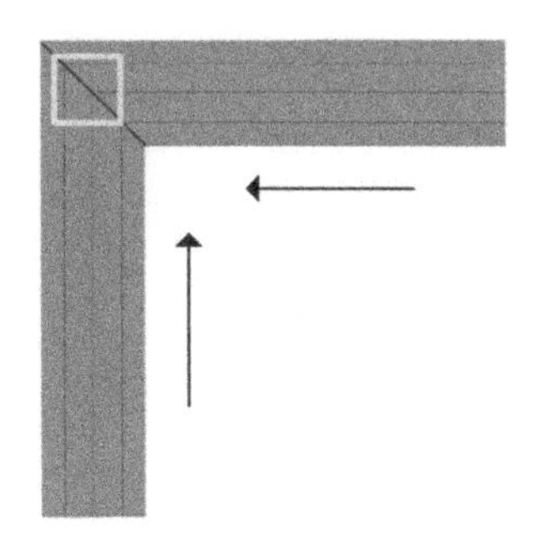

图 10

木质材料受温度、湿度的影响比较大。榫卯同质同构的连接方式下，使得连接的两端共同收缩或舒张，整体结构更加牢固。而铁钉等金属构件与木质材料在同样的热力感应下，应膨胀系数的不同从而在连接处引起松动，影响整体的使用寿命。[②]

榫卯结构，虽然每个构件都比较单薄，但是它整体上却能承受巨大的压力。当建筑物受到外力的作用时，它能够有一定范围内发生变形，以此来抵抗外力对它的作用，最大限度地降低外力，而不至于被散架破坏。好比榫卯结构的木椅，当使用时间久了之后，你用手去摇动木椅，会发现它会有一定的变形，但是无论你怎么晃动，它都不会散架。现在木屋建筑中，也是运用了榫卯结构的作用来做到良好的抗震性。[③]

5. 榫卯结构的优点与现状[④]

榫卯结构优点

（1）中国古典的木质家具可以说是木质建筑的缩影，榫卯结构严丝合缝又不着痕迹，隐含着古人的“天人合一”价值观和世界观。中国传统家具，特别是明清家具之所以达到今天的水平，与对这种特征的运用有着直接的关系，也正是这种巧妙结构的运用，提升了中式家具的艺术价值，为国内外家具和建筑艺术家们所赞叹。

（2）榫卯结构组合的家具比用铁钉连接的家具更加结实耐用。古典家具部件与部件之间以榫卯结构结合起来，在不同角度的力量下相互抗衡以产生咬合力，从而塑造了家具坚固结实的承重力，而从外观看来整齐匀称，力量含而不露，相生相克，以制为衡；以木材本身力量作为制衡力量，而非使用铜皮、铁钉等金属物保持其坚固性，又饱含着顺应木材本质而制作的与自然和谐共处的世界观。

（3）榫卯结构的家具便于运输。许多木制家具是拆装运输的，到了目的地再组合安装

① 罗勇．古建木结构建筑榫卯及构架力学性能与抗震研究 [D]. 西安建筑科技大学，2006.
② 隋䶮，赵鸿铁，薛建阳，等．古建筑木结构直榫和燕尾榫节点试验研究 [J]. 世界地震工程，2010（2）.
③ 李琪．古建筑木结构樟卯及木构架力学性能与抗震研究 [D]. 西安建筑科技大学，2008.
④ 董益平．古建木构静力与梁柱连接计算 [D]. 宁波大学，2001.

起来的，非常方便。如果用铁钉连接家具，虽说可以做成部分的分体式，但像椅子等小木件较多的家具，就做不到了。同样，如果家具有损害了，便于维修。纯正红木家具可以使用成百上千年，而用铁钉连接的家具做拆卸更换就不像榫卯结构家具来得容易。

榫卯结构现状

虽然榫卯结构的家具精美，但是一些精致的榫卯结构部件仍然还是需要手工打造，除了昂贵的红木家具方能保留下这些技艺，大部分工厂不愿去承担较高的时间成本与人工成本。而且更多的材料被应用到家具中，注塑、玻璃纤维、铝材等，更多混合金属以及其他材料的出现也逐渐替代榫卯的功能。比如以前是铁的连接件，逐渐被合金如镀铜、镀铬，锌铁合金等刚性更强而且不生锈的金属替代。机床加工更能够保证连接件的精度误差能够精确到微米。

活动小结

6. 任务卡

在活动中了解榫卯结构的原理及其各种榫卯结构样式，为什么这种精湛的传统技术在逐渐消亡后，需要引导人们思考如何保护、发扬中国传统工艺，反思人与自然的关系，以及如何更好地利用设计改变生活。

● 展区中展示的 48 把椅子是从 1000 多把世界著名的椅子中挑选出来的，反映了不同时期不同国度设计大师的设计理念。请大家根据描述在“设计师摇篮”展区中找到它们。

（1）椅名：“玛丽莲”椅，1972 年

由意大利“第 65 设计室”设计的红嘴唇沙发，用玛丽莲 · 梦露命名是典型的波普艺术即大众艺术作品。

（2）“蛋形”椅，1958 年

丹麦大师雅各布森采用模压玻璃纤维为骨架，外包彩色织物而制成的蛋形座椅。

（3）“中国椅”，1943 年

丹麦设计大师瓦格纳非常崇尚中国的明式家具，这是他设计的明式风格座椅，取名就叫“中国椅”。

（4）宽袍椅，1968 年

由意大利设计师马扎用红色模压聚酯塑料设计而成的形似古罗马市民爱穿的宽大外袍的座椅，因此取名“宽袍椅”。

（5）“葵”椅，1956 年

美国设计师耐森所设计的葵椅由很多圆形坐垫构成，设计灵感明显来自波普艺术即大众艺术。

● 家具的设计，主要从材料、外观、结构、功能 4 个方面考虑，请根据您自己的需要设计一把椅子，可以大胆活泼，可以天马行空，可以温馨舒适，可以非常实用。

三、活动拓展

为什么榫卯结构的家具越来越少？[①]

（1）榫卯结构对加工精度要求高

如果是简单的钉子钉，或者胶水粘接，那么就没有榫卯高要求的工艺，而很多复杂且美观的榫卯结构，通常成本都比较高，同时，在现在的家具市场中，大部分人追求便宜实用，厂家为了降低成本，就会采用钉钉子、胶水粘接这种便宜简单的连接方法，而榫卯则会被逐渐“遗忘”。

（2）运输成本高

家具都是比较大的产品，从厂家到业主家里面，运输也是一个大问题。普通的家具，都可以先把零部件运输到家具市场，然后进行组装。即便是某一个零部件因为运输而变形，基本上还是可以安装的。但是对于榫卯结构的家具来说，只要有一个零部件变形，那么这个零部件就相当于废掉了，不能再用了，因此，大部分榫卯结构的家具，都是在出厂前就组装好，这样的话，整个家具运输，占用的空间大，运输成本就提高了不少。

（3）对材料要求高

现在我们见到的板材，有生态板、颗粒板等，但是这些板材不适合做榫卯结构，而一般榫卯结构都是采用实木做的。这也导致市面上很多普通的家具一般不会采用榫卯结构。榫卯结构的家具逐渐变少，主要是受市场影响的结果。当然，榫卯结构的家具还是有的，现在只常见于高档家具中。大家在选购的时候，也需要注意鉴别真假。

（王倩倩）

① 赵均海．中国古代木结构的结构特性研究 [D]. 西安交通大学， 1998.

奇妙联动

一、方案陈述

（一）主题

机械传动。

（二）科学主题

机械传动在我们日常生活中随处可见，它的形式多种多样。齿轮传动是其中应用最为广泛的传动形式。齿轮传动有哪些特点？它又有哪些实际应用呢？

（三）相关展品

飞翔的公牛、动力传递。

（四）传播目标

1. 激发科学兴趣。由现场“飞翔的公牛”展品演示，“动力传递”体验互动，解释原理激发观众对于机械传动的兴趣，举例生活中运用到机械传动的例子。

2. 理解科学知识。运用科学道具的演示及互动，让观众看到其背后的机械传动原理，感受机械传动的实用性。

3. 从事科学推理。引导观众思考，机械传动形式多样，各有什么特点？齿轮传动作为最广泛的传动形式，它的特点又是什么？钟表里的齿轮结构是如何让钟表走时的？

4. 反思科学。讨论齿轮能够正常啮合传动的条件，探究非圆齿轮的传动奥秘。

5. 参与科学实践。借助于任务卡，让观众通过之前的介绍、互动，找寻展厅中其他利用到机械传动的展品。并布置回家任务，达到参与实践的目的。

（五）组织形式

1. 活动形式：演示加互动实验。

2. 活动观众：全年龄。

3. 活动时长：30 分钟左右 / 场。

（六） 注意事项

1. 演示的钟表机芯及机械传动模型均为精密器件，应避免观众随意触碰。

2. 组装齿轮时，应将孔位的固定轴插紧，保证各个齿轮正常啮合，并且避免掉落丢失。

（七）学生手册

1. 认真听讲解，积极参与互动，了解不同机械传动的结构、原理以及生活中的应用，利用解构的方式认识钟表，体会机械传动之美。

2. 积极参与讨论，认真思考并总结。
3. 根据探索任务卡，在展区进行展品深度观察体验。

（八）材料清单

1. 齿轮模型。
2. 手表机芯。
3. “奇妙联动”套件若干。
4. 节拍器。
5. 手表擒纵系统演示模型。
6. 钟摆结构演示模型。
7. 达 · 芬奇机械模型。

二、实施内容

（一）活动实施思路

从“飞翔的公牛”和“动力传递”展品演示的现象说起，激发观众的兴趣。从而介绍各部分的机械传动，通过一系列的实验互动，让观众了解不同机械传动的结构和原理。并引导观众思考，以钟表为例，利用解构重组的方式让观众直观地认识钟表结构和原理，理解齿轮传动的特点及作用。

图 1 “飞翔的公牛”

图 2 “动力传递”

（二）运用的方法和路径

通过辅导员讲解，互动实验演示，引导观众观察、思考、讨论，并由辅导员进行总结。

（三）活动流程指南

活动导入

1. 为什么公牛会“飞翔”起来，它的核心是哪个结构?

这是一台大型的机械雕塑。让我们来欣赏这场表演。由下往上，辛勤的船员运用一系列的简单机械层层组合，最后唤醒了沉睡的公牛。随着音乐的不断起伏，公牛振翅高飞，

图 3 凸轮结构、带轮结构、曲柄结构（从左往右）

构成了一副恢宏的机械雕塑，将科学与艺术进行了完美的融合。

其中就展现了杠杆、凸轮、曲柄、轴承、滑轮、齿轮等简单机械。最为关键的部分是公牛头部下方的偏心轮，它与翅膀衔接后共同组成了连杆结构。这种结构使公牛完成一系列的循环往复运动，包括抬头、展翅、摆尾等，仿佛翱翔于天际。在我们的日常生活中，大到日常出行的汽车，小到方寸之间的手表，我们都能看到机械传动的身影。

活动中

●体验环节

2. 引导观众思考，生活中机械传动有哪些应用呢？

机械传动与我们的生活密不可分。出行用的自行车、播放电影的放映机、做手工用的剪刀、显示时间的钟表、拍照片的相机等。在它们身上，我们都能找到机械传动的身影。

齿轮传动是应用最广泛的一种机械传动，可实现传递动力、改变转速、改变运动方向和改变运动形式等功能。与带轮传动相比，具有传动效率高、传动比准确、功率范围大等特点。

在我们的日常生活中，齿轮传动的例子很多，比如机械手表的走时结构、闹钟的闹铃机构、电风扇的摇头机构、空调的摆风机构、自行车的链传动和变速机构、洗衣机的变速机构、汽车的变速机构、机床的变速机构、减速器等，都用到了齿轮传动。

图 4 自行车、手表、电影放映机

3. 利用解构重组的理念认识钟表内部的结构。引导观众动手拼装“奇妙联动”套件，联想并体会传动系统在钟表里的重要性。

操作步骤

（1）拆解套件中的各个部件，分为支架、齿轮、固定杆三个部分。

（2）思考如何确定各个齿轮的位置来实现联动。

（3）完成齿轮拼装，转动并观察各个齿轮间的运动轨迹。

（4）变换齿轮位置，思考新的组合方式实现联动。

图 5 “奇妙联动”套件

观众在体验的过程中会出现齿轮间卡齿无法转动、齿轮间脱齿空转等现象。要让 3 个不同齿轮联动起来似乎并不容易。

提示及试错

我们不妨换个角度思考一下，如果要让三个齿轮同时联动起来，那么它们两两之间势必是可以正常啮合转动的。在转动的过程中，仔细观察它们之间的转动间距和运动轨迹，你发现了什么?

总结：间距、排列。

● 探索环节

观众通过体验产生极大好奇，具备了探索的冲动，此时可以提出问题：

（1）“飞翔的公牛”为什么会展翅高“飞”？观众回答：利用偏心轮和连杆的机械组合，实现循环往复运动。

（2）带轮传动和齿轮传动有什么特点和不同?

（3）你发现奇妙联动套件的奥秘了吗？齿轮的正常啮合传动又有什么条件？联动的齿轮与钟表结构又有何种联系呢?

● 发现环节

杠杆、凸轮、曲柄、轴承、滑轮、齿轮等都属于简单机械。它们是能够改变力的大小和方向的装置，能够解放人们的手脚，提高工作效率。从“飞翔的公牛”上我们也发现了带传动，它的传动距离长，结构简单。齿轮传动则结构紧凑、传递精准，能够实现改变运动方向和变速的作用。

回到先前的“奇妙联动”套件上。我们不妨拿出其中的任意两个齿轮。你会发现，虽然每个齿轮都形状各异，但是它们却有一个共同的特点——都是轴对称的图形。根据这个特点，你会发现，将一个齿轮从中心到最宽处和另一个齿轮从中心到最窄处组合起来。在转动过程中，虽然每个齿轮中心到边缘的距离在不断变化，但是两个齿轮中心的间距却始终不变。这个间距也正是最宽处和最窄处的组合距离。因此我们只要将 3 个齿轮两两之间最宽处和最窄处首尾相连，排成一条直线固定在相应的孔洞中，这样就能实现三轮联动了。

●反思环节

4. “奇妙联动”中的齿轮排列传动和钟表有什么联系?

说起钟表，就让我们来看看这个精巧的齿轮传动装置，它是如何计时的，它的内部又是什么样子的呢?此时此刻，是不是感觉眼花缭乱了呢?不妨让我们从头开始，思考如何让它走时起来。

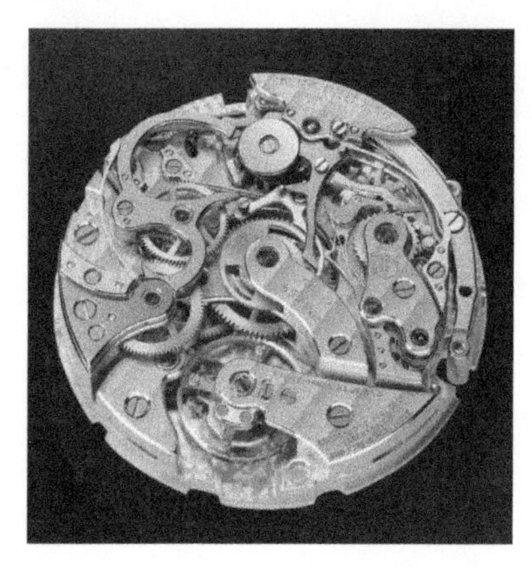

图 6、图 7　机械表内部机芯

机械表可以看作一个精密的发条“玩具”。上发条的目的是为其提供能量，不同于电子表，机械表的能量来源于我们转动卷紧发条时所产生的机械能。但是，仅仅有了动力还不够，你会发现，发条盒内的动力会不受控制，而且很快就流失了。我们得试着去控制它。想象一下，就好比我们用水龙头来控制水流大小一样。我们听到的“嘀嗒嘀嗒”的声音正是来自擒纵调速机构，它好比一个节拍器有固定的节奏。有了动力和节律还不够，还需要一个串联起它们的枢纽，这就是传动部分。

图 8　机芯中展开后呈直线排列的各大轮系

现在，为了方便理解。让我们将表机中所有的齿轮换一种排列方式（图 8）。虽然它们排列成了一条直线，但是传动顺序及传动比却和在机芯内如出一辙。所以，它依然可以“动”

起来。那又为什么要这样展开呢?

其实，这样展开可以直观地展现机械表的结构，让我们看得更明白。这也和“奇妙联动”套件的齿轮排列相似。你也许会问，那为什么不能用这样的齿轮排列方式来制作手表呢?首先，它所占用的空间太大。我们戴的是一块表，不是一条表。另外，这样的排列在固定齿轮上也是件头疼的事儿。

图中我们看到的从左到右依次排列的 6 个轮系，就是让机械表动起来的重要部分。它们分别是发条轮、二轮、三轮、四轮、擒纵轮和摆轮，摆轮上还连接着游丝和擒纵叉。

机械表的传动原理

机械表用发条作为动力源，经过一组齿轮组成的传动系来推动擒纵调速器工作，再由擒纵调速器反过来控制传动系的转速。传动系在推动擒纵调速器的同时还带动指针系统，所以指针能按一定的规律在表盘上指示时刻，我们就知道时间了。

活动小结

5. 任务卡

活动结束后，发放任务卡，可以让大家根据此次的活动内容，并结合展区展品完成任务卡。

（1）你还能在“智慧之光”展区找到哪些运用了机械传动的展品?分别用到了哪种机械传动?

（2）你发现“奇妙联动”套件的规律了吗?想一想齿轮的组合还能如何排列?试一试，我们将 3 个齿轮标记一下，从小到大分别是 1、2、3，演示的是 132 的组合（图 5）。将它们拆解下来，看看 123、231、312……你还能尝试出几种不同的组合呢?是否都能和孔洞一一对应呢?是否能够联动起来呢?让我们来动手试一试。

（3）进一步体验“动力的传递”展项，你发现了哪些齿轮传动的特点?联系日常生活，你有什么发现?

三、活动拓展

（一）动力传递的形式

机械传动在机械工程中应用非常广泛，主要是指利用机械方式传递动力和运动的传动。它分为两类：一是靠机件间的摩擦力传递动力与摩擦传动；二是靠主动件与从动件啮合或借助于中间件啮合传递动力或运动的啮合传动。动力传递展项包括以下四种传动形式。

1. 行星齿轮系。它有一个中央轴上的中心齿轮。一个带有内部上贴齿轮和外部最大环形齿轮所组成，在独立承载构建上的中心齿轮与环形齿轮之间啮合。这三个元件中的每个元件都可以作为输入或输出齿轮，或者可以保持稳定，并允许另一个齿轮围绕其运动。因此这三个齿轮全部位于同一轴周围。这种行星齿轮系通常用于精密仪器及真空收缩包装内，是多种传动比所需的系统。

2. 齿轮齿条传动装置。使周向运动转化为直线运动或直线运动转化为周向运行。如火车轮子装有齿轮齿条传动装置，使活塞产生的直线运动转化成轮子的周向运动，推动火车前进。

3. 双曲柄槽传动机构，属十字间隙传动机构，又称马耳他机构，主要用于电影放映机，便于控制输出速度。

4. 皮带轮传动和间隙齿轮传动装置，用于缓冲传输动力和速度变化的控制等，是最常见的传动装置。

以上 4 种形式都有不同的运动轨迹、传动效率及传动比。

（二）机械钟和机械表的区别

机械表的动力是弹簧，一般称之为涡卷弹簧（卷簧，俗称发条），为了使弹簧的能量不一下子释放出来，我们使用一种称为游丝与非线性摆动的机械离合制动器，专业上称为擒纵机构，按照准确的角速度，将卷簧储存以力矩形式表现的能量释放出来。人们通过调节游丝的运动周期来获得周期运动的动力，你可以理解为“秒”。[①] 再通过 1∶60 的关系，使用多级齿轮传动获得“分”和“小时”的周期运动。在钟表的外表面上，表示出一圈 60 格的刻度，就形成了机械钟表的运动机构。机械钟利用单摆等时性原理，依靠钟摆的重力势能达到计数目的。手表利用摆轮上游丝的回复力，也就是弹性势能来计数。两者的运动形式不同，手表能在各方位运作，而钟在只有竖直放置才能正常走时，一旦水平放置就会停摆。显然，手表应用更广泛。

（三）丰富多彩的时间显示

你知道吗？随着钟表的不断发展，进步的不仅仅是机芯的构造，设计者们还提供了更多“展现时间”的方式——大三针、小三针以及规范指针。

大三针：

时、分、秒针都存在，并且共享一个圆点，这就是大三针。大三针看上去最为普通，不用色彩，甚至不用刻度就可以较高效清晰地传递时间信息，大三针是一种很高效、有效并经典的图形信息符号。

小三针：

小三针是时、分针共享一个圆点，另外给小秒针建立一个独立的小圆盘，单独显示秒针的运行。也就是原本的两针表基础上多开一个小窗口给秒针使用。小三针也叫短三针、两针半。小三针比较复古，有些“仪表感”，表盘相较大三针略显复杂。从钟表的发展历史来看，是先有了小三针，之后才出现了大三针。

规范指针：

规范指针似乎被提及的机会并没有那么大。Regulator，意为调整器式标准时表，最初诞生于 18 世纪，专供校表师校对其他手表上的时间之用。其表盘上时、分、秒针各据一方，可有效避免同轴指针间相互重叠而造成的视觉误差，因而，Regulator 也被称作规范指针手

① 顾涛 . 守望百年滇越铁路的三面钟 [J/OL].[2019-12-20]http://news.tielu.cn/yixian/2015-10-15/82405.html.
② 解析腕表：大三针、小三针和规范指针 [J/OL].[2019-12-20]http://www.sohu.com/a/277077579_100287219.

表。规范指针虽然看起来与大三针或是小三针，只有表盘上时针、分针和秒针的变动，但是内部结构却需要做巨大的调整，与此相应的机芯组装是不同的。规范指针腕表三针“分庭抗礼”的特色使得各表针之间不存在相互干扰，因此精准度大大提高。[②]

（四）魅力无穷的异形齿轮

非圆齿轮也叫异形齿轮，是分度曲面不是旋转曲面的齿轮，它和另一个齿轮组成齿轮副以后，在啮合过程中，其瞬时角速度比按某种既定的运动规律而变化。可以提高机构的性能，改善机构的运动条件。[①]

异形齿轮可以开启天马行空的创想，在平面内，它们可以呈现不同的排列形式，直线、曲线、抛物线、矩形、圆形……甚至，还能延伸到三维空间，设计制造更多炫酷的异形齿轮组。只有想不到，没有做不到。

（金子龙）

① 非圆齿轮 . 百度百科 [DB/OL].[2019-12-20]https://baike.baidu.com/item/%E9%9D%9E%E5%9C%86%E9%BD%BF%E8%BD%AE/7460075?fr=aladdin.

自然密码篇

ZI RAN MI MA PIAN

珠光宝气

一、 方案陈述

（一）主题

宝石的特殊光学效应。

（二）科学主题

怎样的矿物被称为宝石？宝石中存在内含物，会在光照的作用下由于内外部的反射、折射、漫散射、干涉、衍射从而产生一系列的特殊光学现象。除此之外，宝石中的内含物还能告诉我们什么秘密呢？

（三）相关展品

奇妙的矿物晶体。

（四）传播目标

1. 激发科学兴趣。由现场参观展项“奇妙的矿物晶体”，让观众了解宝石晶体的内外部结构特征。

2. 理解科学知识。通过宝石标本，让观众认识不同的宝石内外部结构所产生的光学现象，了解产生这些现象的科学原理。

3. 从事科学推理。引导观众思考，同样具有猫眼效应的宝石，为什么会出现眼线粗细、眼线位置的差异，并探究其中的原因。

4. 反思科学。观察宝石的内外部结构特征，鉴定区分天然宝石和人工合成宝石。

5. 参与科学实践。通过任务卡，让观众通过之前的介绍、互动，根据展厅中其他展品的参观，了解其他不同宝石的内外部特征。并布置回家任务，达到参与实践的目的。

（五）组织形式

1. 活动形式：演示加互动实验。

2. 活动观众：全年龄。

3. 活动时长：30 分钟左右 / 场。

（六）注意事项

1. 观众观察宝石内部结构时，应避免将视线集中在用来光照的宝石手电筒上，以防强光照射引起不适。

2. 宝石标本个体较小，教师演示时避免让观众动手触摸，防止宝石标本掉落丢失。

（七）学生手册

1. 认真听讲，积极参与互动，了解“奇妙的矿物晶体”概况及宝石矿物介绍。

2. 仔细观看教师演示宝石光学效应的过程，并主动思考，知道宝石的猫眼效应、星光效应。学会如何区分天然宝石和人造宝石。

3. 根据探索任务卡，在展区进行深度展品观察。

（八）材料清单

1. 磷灰石猫眼1枚、矽线石猫眼1枚、人造猫眼石1枚。
2. 天然星光蓝宝石1枚、人造星光红宝石1枚。
3. 白板1块。
4. 油性笔1支。
5. 宝石手电筒1个。
6. 宝石镊子1支。
7. 10倍放大镜1枚。

二、实施内容

（一）活动实施思路

从“奇妙的矿物晶体”展品说起，激发观众兴趣。以展品中的宝石矿物标本为引入，说明宝石与矿石的区别，让观众了解宝石的内外部结构。通过宝石标本演示，让观众了解宝石特殊的光学效应，并引导观众思考，根据宝石的内外部特征，让观众进一步区分天然宝石及人工宝石。

图1　红宝石原石

图2　水晶原石

（二）运用的方法和路径

通过辅导员讲解，互动实验演示，引导观众观察、思考、讨论，并由辅导员进行总结。

（三）活动流程指南

活动导入

1. 在“奇妙的矿物晶体”中，哪些矿物达到了宝石级别？宝石和矿石有什么不同呢？

在“奇妙的矿物晶体”中，有许多观众们所熟悉的宝石级别的矿物，比如红宝石、水晶、

图 3　各类彩色宝石

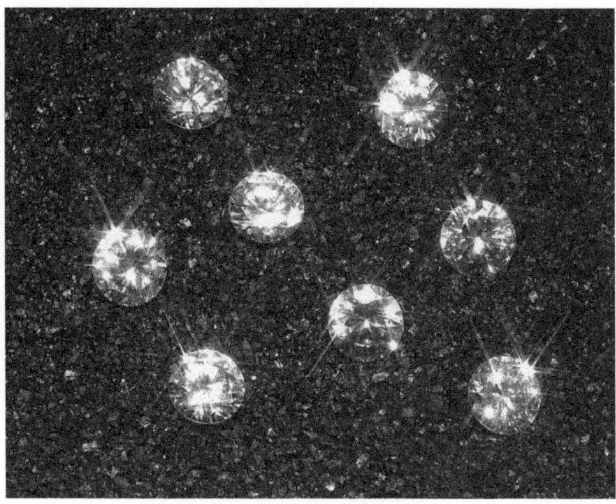

图 4　闪耀的钻石

绿柱石、海蓝宝石等。那么，宝石和矿石究竟有哪些不同呢？我们把符合如下 4 个条件的矿物称为宝石：

（1）色彩瑰丽。如彩色宝石中的红宝石、蓝宝石、祖母绿等（图 3）。

（2）光彩夺目。钻石的火彩、光彩、色散是所有宝石之首，又有“宝石之王”的美誉（图 4）。

（3）坚硬耐久。宝石的硬度用莫氏硬度来衡量，如钻石的莫氏硬度为 10，水晶为 7，红蓝宝石为 9。名贵宝石的莫氏硬度一般都达到了 7 以上。

（4）产量稀少。钻石家族中的粉钻，产量极为稀少（图 5），仅在澳大利亚阿盖尔矿区有产出，产量仅占所有钻石总产量的 0.0001%。

图 5　阿盖尔矿区产出的稀世粉钻

由此可见，色彩和光彩这两点对于宝石而言至关重要，它们决定了宝石的美丽外观。而宝石之所以美丽，其夺目的光彩和鲜艳的色彩也是必不可少的条件。

通过宝石晶体的观察我们也能发现，有些宝石内部具有规则的几何结构，因此光线照射到宝石内部，便会发生反射、折射、漫散射、干涉、衍射等一系列变化，产生各种神奇的宝石光学效应。

活动中

●体验环节

2. 观察宝石的猫眼效应现象

观察宝石标本我们发现，在自然光环境下，3 颗宝石并没有什么特别之处，仅仅是 3 颗普通的弧面型宝石。当打开宝石手电筒，照射到宝石表面，三颗宝石内部会出现一条明亮的光带（图 6），并且光带会随着持握手电筒角度的不同而改变，出现移动和张开闭合的现象，宛如夜间猫的眼睛一般，这种现象称为宝石的“猫眼效应”。

图 6　三颗不同的猫眼宝石

3. 说明“猫眼效应”的形成机理

首先观察宝石的内部，你会发现其内部具有大量密集而又规则排列的针状包裹体。以其中一颗宝石为例，我们来看一下它的侧面。假设我们选取宝石的一个截面（图 7）。宝石手电筒发射出的光是由无数条光线组成，任选其中的两条光线，进入宝石表面 a、b 两点的光线经过内部平行排列的两个包裹体 Ga 和 Gb，经过反射之后相交于同一点 O。另外会有部分光线折射出宝石底部，这部分光线人眼是看不到的。

包裹体因为在宝石内部对于光的反射产生亮点 O，一个截面反射汇聚成一个亮点 O，宝石由无数个这样的截面组成，这样就在宝石表面形成了一条明亮的光带（图 8）。

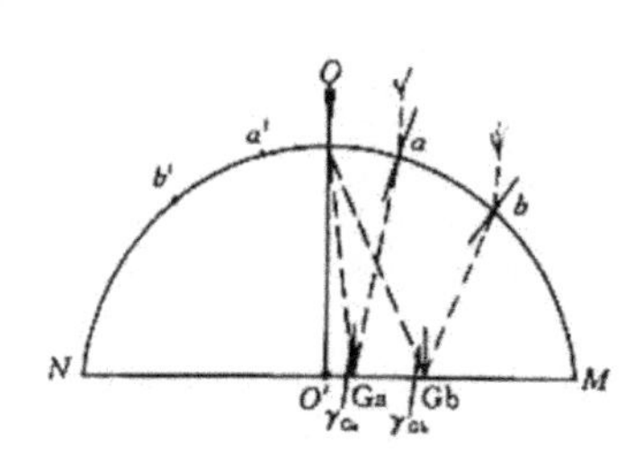

图 7　猫眼宝石的顶视图

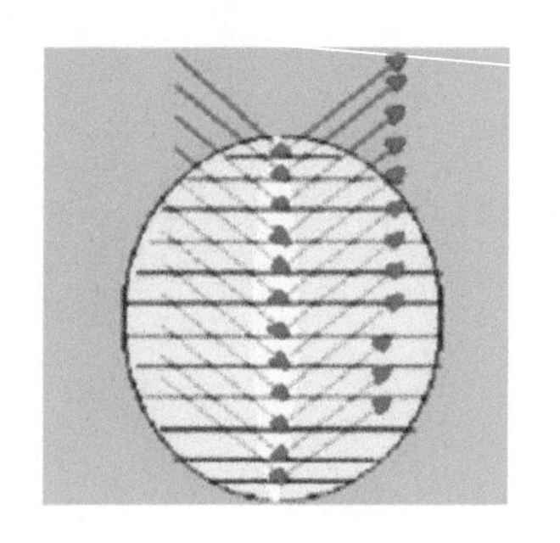

图 8　猫眼宝石的截面图

总结：关键词——包裹体、密集、平行排列。

●探索环节

了解完了猫眼效应的形成机理。比较 3 颗猫眼宝石的眼线宽度，发现粉色的那颗最宽并且眼线十分稀疏；将粉色猫眼石暂时拿走，观察剩余两颗，比较各自眼线位置的不同，发现其中一颗眼线位置居中而另一颗偏斜不正。虽然 3 颗宝石都有猫眼现象，但是眼线的粗细和位置却不尽相同，这又是为什么呢？

●发现环节

仔细观察，我们会发现 3 颗宝石中一颗的高度明显低于另外两颗。其实，之所以产生不同的眼线，与人为的切工有直接的关系。

（1）眼线宽度影响因素

只有当宝石的高度与反射光焦平面的高度一致时，“眼线”才能表现为窄而亮。当宝石的高度低于反射光焦平面时，部分光线反射出了宝石表面，“眼线”将表现为宽而稀疏，并且光带亮度降低（图 9）。这也就是为什么粉色的猫眼石眼线宽而稀疏。

图 9　切磨后高度不同的弧面型宝石

（2）眼线位置影响因素

当宝石的底面与包裹体所在平面呈倾斜时，包裹体反射光的焦平面将向宝石中心的一侧移动。使宝石水平放置时，“眼线”位置不在正中（图 10）。这也是为什么黄色的磷灰石猫眼不如黑色的矽线石猫眼眼线居中了。

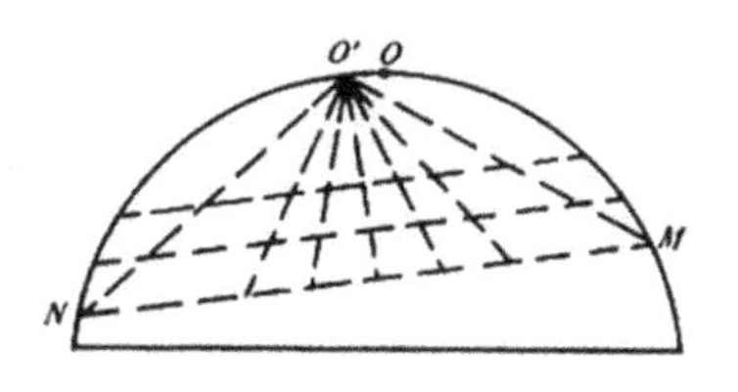

图 10　切磨后底面与包裹体平面不平行的弧面型宝石

（3）宝石能产生猫眼效应需具备的条件

①宝石中含有大量平行排列的针状、纤维状或管状包裹体。

②宝石应琢磨成弧面型并有合适的高度。

③宝石底面平行包裹体的排列方向。这是保证猫眼效应的眼线在宝石中央的必要条件。

可以看出，猫眼效应的形成机理并不是很难，内部含有大量密集平行排列的包裹体是必要条件，但是光有这个条件，如果人为加工不当的话，也会大大影响猫眼效应的效果。所以，宝石具有猫眼效应由天然及人为两个因素综合而成。

能够形成猫眼效应的宝石种类也很多，有石英猫眼、碧玺猫眼、透辉石猫眼、矽线石猫眼、方柱石猫眼等。可以说只要满足了之前所说的 3 个条件，都有可能形成猫眼效应。但以上猫眼石必须在其名称前加上宝石学名称，如“祖母绿猫眼”，其中最为名贵的要数金绿宝石猫眼，它贵为“五大名贵宝石”之一，也是唯一可以直接定名为“猫眼”的宝石。

图 11　祖母绿猫眼

图 12　碧玺猫眼

图 13　金绿宝石猫眼

●反思环节

4. 区分天然猫眼石及人造猫眼石

了解宝石猫眼效应的形成机理和影响眼线位置的因素后，其实在这三颗猫眼石中有一颗是人造的，你觉得是哪一颗呢？我们可以通过天然猫眼石与人造猫眼石的表面来鉴别。

	合成猫眼	天然猫眼
颜色	颜色种类多，浓重、鲜艳、刺眼。因硬度小，用久后表面浑浊	色调实在，硬度相对较高，用久还会褪色，表面不浑浊
10 倍放大镜观察	侧面有玻璃纤维融化形成的六边形蜂窝状结构	侧面无蜂窝状结构，见丝绢状包裹体
光带	光带分散，成组出现，在弧面形顶端，同时出现 2 ~ 3 条细亮带，均匀明显	光带集中，宽而灵活，合开自如

实践：观察人造猫眼石侧面蜂窝结构

利用电子显微镜，从宝石的侧面观察，在底部可以明显看到呈现六边形的蜂窝状结构。人造猫眼石是用玻璃加热所制成的，在加工过程中会形成这种结构。其实，我们用 10 倍宝石放大镜甚至肉眼也能明显地看到此现象（图 14）。

图 14　合成猫眼石侧面蜂窝状结构

在了解猫眼效应的成因和区分天然猫眼石和人造猫眼石之后，观众有了一定的基础。之后展示猫眼效应的升级版——星光效应。

星光效应

星光效应的产生和猫眼效应类似，也是由平行排列包裹体引起的。在平行光线照射下，以弧面形切磨的某些珠宝玉石表面呈现出两条或两条以上交叉亮线的现象，称为星光效应。

星光效应多是由于内部含有密集排列的两向或三向包裹体所致，星光效应多数是由所含的密集平行排列的针状、柱状、丝绢状包裹体造成的，也有由于结构特征、固溶体出溶或纤维状晶体平行排列等特定的结构对可见光的折射和反射作用引起的。

（1）星光效应成因

其实星光效应与猫眼效应的形成机理类似，都是宝石内密集平行排列的包裹体或结构对可见光的反射作用引起的。不同的是，在星光效应中包裹体或结构已不限于在一个方向上，这些包裹体按一定的角度分布，星光效应是几组包裹体与光作用的综合结果。

当有三组平行排列的包裹体相互呈 60° 夹角排列时，则会产生六射星光（图 15）。同样，随着平行排列的包裹体夹角的不同，还会形成四射星光和十二射星光。

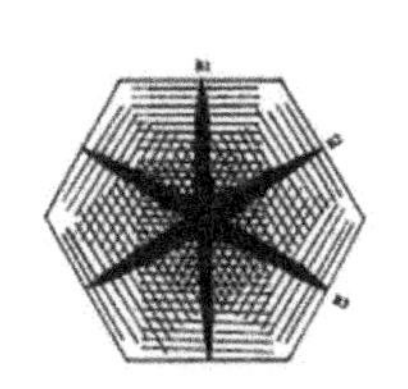

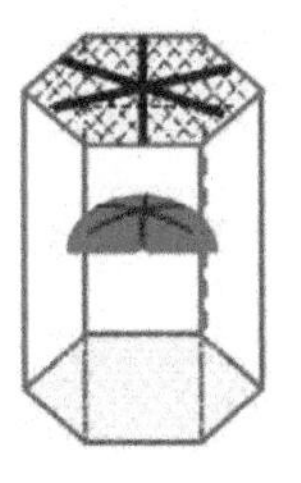

图 15　三组包裹体呈 60° 夹角排列的星光宝石

（2）星光效应产生的条件

① 宝石中含有大量 2 个或 2 个以上方向平行排列的针状、纤维状包裹体，从而产生星光效应。

② 琢磨宝石时其底面应平行包裹体的排列方向。

常见的有星光红宝石、星光蓝宝石，除此之外还有星光石榴石、星光尖晶石、星光锆石，星光锂辉石、星光透辉石等。

（3）天然星光宝石与合成星光宝石的区别

展示的两颗星光宝石一颗蓝色，另外一颗红色，我们从以下几个方面来区分天然星光宝石和人造星光宝石。

	合成星光刚玉	天然星光刚玉
内含物	大量气泡和未溶粉末 金红石针极其微小，难以辨认 弯曲色带明显	各种晶体包体、气液包体、指纹装包体 金红石针较粗，易辨识 直角状或六方色带
星带外观特征	星光浮于表面 星线直、匀、细，连续性好 中心无宝光	星光发自内部深处 星线中间粗，两端细，可以不连续 中心有宝光

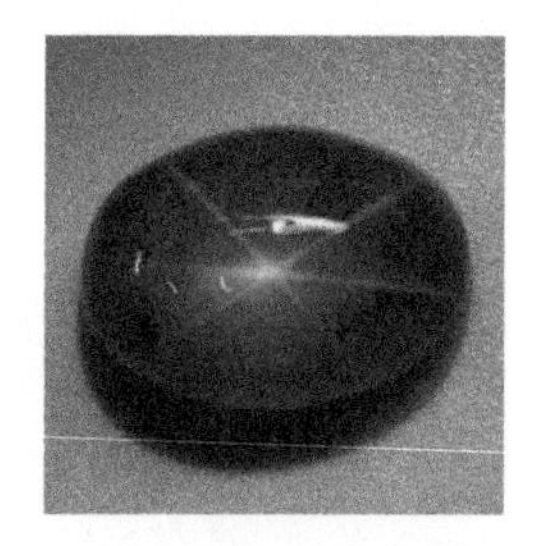
图 16　合成星光红宝石

图 17　天然星光蓝宝石

活动小结

5. 任务卡

活动结束后，发放任务卡，可以让大家根据此次的活动内容，并结合展区展品完成任务卡。

（1）根据宝石的四大条件，分类寻找“奇妙的矿物晶体”内对应的宝石晶体。

（2）观察宝石晶体的整体形状和内部结构，区分出哪些是晶质体宝石，哪些是非晶质体宝石。

（3）在晶质体宝石中，指出哪些发育的较为完整。这与宝石的品质有什么联系呢？

三、活动拓展

（一）矿物晶体

1. 晶质体

组成矿物的化学元素的离子、离子团或原子按一定规则重复排列而成的固态，在空间允许的情况下，多形成几何多面体形态。如：六方柱锥的石英、八面体的钻石、三方晶系筒状的蓝宝石等。由于生长不好，多数晶面发育不完整，形成的晶面大小不一，较粗的用肉眼和放大镜可以看出，较细的则要借助于显微镜加以辨别，但是其内部可以看到较为清晰的规则几何排列结构。而发育较为完善的宝石晶体，它的整体外观就可以呈现规则的几何形状。这种矿物称为晶质体。绝大多数宝石是晶质体，[①]如钻石、红宝石、蓝宝石、祖母绿、碧玺、石榴石等。

2. 非晶质体

非晶质体与晶质体的特征相反，有些形状似固体的物质（如玻璃、琥珀和松香等），它们内部组成质点不作规则排列，不具格子构造，因而没有规则的几何外形，这类物质称非晶质体，[②]比如欧珀、琥珀等。

3. 多晶质体

多晶质由细小的晶体组成，然而其组成晶体可用放大镜甚至肉眼观察到，这些矿物称多晶质体，如翡翠、独山玉等。[③]

4. 隐晶质体

除了晶质体和非晶质体外，还有一些矿物，虽然其内部原子结构作有序排列，但不具外部规则的几何形态，它们由无数的微晶组成，但这些微晶是如此之小，以至用普通显微镜都无法观察到，也就是说是超显微的，这些矿物称隐晶质体，如玉髓、软玉等。[④]

（二）宝石包裹体

包裹体指影响宝石矿物整体均一性的所有特征，还包括宝石的结构特征和物理差异，如带状结构、色带、双晶、解理、裂理、生长蚀象等。根据其物理性质，宝石中的包裹体种类有：

1. 固相、液相、气相物质。
2. 生长带、色带，主要由微小的杂质或者化学成分的变化引起的。
3. 双晶、双晶面、双晶纹、负晶、生长蚀象。
4. 解理、裂理。[⑤]

---

① 晶质体 . 百度百科 [DB/OL].[2019-12-20]https://baike.baidu.com/item/%E6%99%B6%E8%B4%A8%E4%BD%93/3206068?fr=aladdin.

② 非晶质体 . 百度百科 [DB/OL].[2019-12-20]https://baike.baidu.com/item/%E9%9D%9E%E6%99%B6%E8%B4%A8%E4%BD%93/3206295?fr=aladdin.

③ 黄昆 . 宝玉石鉴赏 17（晶质体与非晶质体）[J/OL].[2019-12-20]https://www.meipian.cn/akg5icm.

④ 黄昆 . 宝玉石鉴赏 17（晶质体与非晶质体）[J/OL].[2019-12-20]https://www.meipian.cn/akg5icm.

⑤ 宝石中的包体 [J/OL].[2019-12-20]http://www.360doc.com/content/14/0914/00/15167522_409283383.shtml.

包裹体是宝石在亿万年形成过程中的内部特征，有些宝石中有些特定的典型包裹体，这些包裹体可以帮助我们鉴定宝石的种类、确定宝石的产地、评价宝石的品质和价值等。

不同的宝石形成于不同的地质过程，具有不同的包裹体特征，因此对于具有典型包裹体或包裹体组合的宝石，可据此鉴定宝石品种。

某些宝石与其合成品之间的各项物理常数是重叠的，这时宝石中的包裹体就具有重要的意义。对宝石包裹体的观察，可以帮助我们区分天然宝石与其合成品。比如合成红宝石中，助熔剂法与焰熔法的内含物就不同。助熔剂法中有六方色带，一般天然宝石中有金红石针，助熔剂法合成的包裹体多，焰熔法合成的宝石内部包裹体少。

在宝石评价中，过多内含物包裹体会降低宝石品质等级和价值，而某些特别的内含物又会增加宝石的价值。如钻石中内含物多则影响净度等级，而像发晶、水胆水晶等因为其内部含发丝状或水胆状的包裹体而命名，内含物多则更会提升其价值。①

（金子龙）

① 宝石指南 . 放大镜下的那些彩色宝石包裹体 [J/OL].[2019-12-20]https://www.sohu.com/a/160907491_99936293.

光年之内的钻石，光年之外的黄金

一、方案陈述

（一）主题

分子结构、核反应的本质与条件。

（二）科学主题

从科学的角度解释黄金成为世界公认的硬通货的原因，并引出核反应不仅仅用来发电，更是形成世界的基石。

（三）相关展品

探索之光。

（四）传播目标

1. 激发科学兴趣。在现场展示金箔和钻石后，提出疑问黄金和钻石谁的价值更高，引起观众的学习兴趣。

2. 理解科学知识。通过现场的模拟演示与讲解，让观众了解到常见物质产生的方式与条件，其次使观众学习到核反应不仅仅可以被用来发电，更是形成世界的基石之一。

3. 从事科学推理。在向观众介绍钻石和黄金的自然形成条件后，引导观众思考，如何通过人工的方式制造这两种物质？

4. 反思科学。讨论核反应的实质，以及想象未来清洁能源的形式。

5. 参与科学实践。通过现场体验，让观众具象地了解到原子融合的过程。

6. 发展科学认同。在掌握了钻石和黄金自然和人工形成方式后，让观众从形成难度的角度分析黄金和钻石的价值。

（五）组织形式

1. 活动形式：演示加互动实验。
2. 活动观众：5 年级及以上。
3. 活动时长：20 分钟左右 / 场。

（六）注意事项

1. 恒星模型较大，演示时，注意安全。
2. 使用钢丝时，注意快口，使用完成后检查现场，不要遗留。
3. 提醒观众使用握力测量器时，量力而行，不要用力过分。

（七）学生手册

1. 认真听讲解，积极参与互动，了解钻石和黄金形成的自然和人工条件。

2. 积极参加讨论，认真思考，特别是抽象的核反应部分。

3. 根据探索任务卡，在展区进行深度展品观察。

（八）材料清单

金银共生矿 1 块、纯金金箔 10 张、炭块 2 块、人工培育钻石 1 颗、验钻笔 1 支、电子屏握力测量器 1 个、六面顶压机模型、PP 胶制元素周期表 1 张、多彩橡皮泥、钢丝、地球模型、太阳模型、恒星模型等。

二、实施内容

（一）活动实施思路

1. 激发好奇心，产生学习兴趣。
2. 讲解钻石的成分、自然形成的条件、人工合成的方法。
3. 黄金的自然形成、理论层面可行的人工合成方法。
4. 其他元素的自然形成。
5. 课程总结。

（二）运用的方法和路径

以教师讲授、师生互动、观众参与小实验等形式为主。

（三）活动流程指南

活动导入

开始前，告知本次科学列车的目标观众是 5 年级及以上的学生。

提出疑问：钻石和黄金哪个更名贵？

根据观众回答，提出反问：

观众回答钻石更值钱，反问为什么只有黄金期货，没有钻石期货；有通兑金条，而没有通兑钻石呢？

观众回答黄金更值钱，反问有没有感觉黄金到处都是，几十元的钢笔笔头，网线接头都是镀金的，甚至还有加了黄金的食物，比如金箔冰激凌。（主讲人展示金箔）

提问结束后，进入课题，从这两种物质形成的角度解读谁更“名贵”。

活动中

1. 钻石部分

（1）介绍钻石的组成物质

钻石（图 1）的主要成分是碳元素。（展示煤炭块）自然界中，碳元素储备丰富。我现在手上拿的这块煤炭块（图 2）的重量为 0.2 克，在电商平台的售价大约为 2 分钱。然后我们现在看到的这颗钻石，如果和这块煤炭重量相同，售价约为 10 万元。煤炭和钻石有着相同的主要成分——碳元素。

图 1

图 2

（2）介绍钻石在自然界中的形成条件与方式

那么在自然界中，乌黑廉价的煤炭是怎么变成璀璨昂贵的钻石的？地壳运动会产生各种压强和温度，在 4.5G ~ 6GPa（45 亿 –60 亿帕）的压强、1100–1500℃的条件下，碳元素分子之间的排列方式（图 3、图 4）发生改变，最终形成钻石。（使用橡皮泥和钢丝模拟碳分子间排列方式的改变）

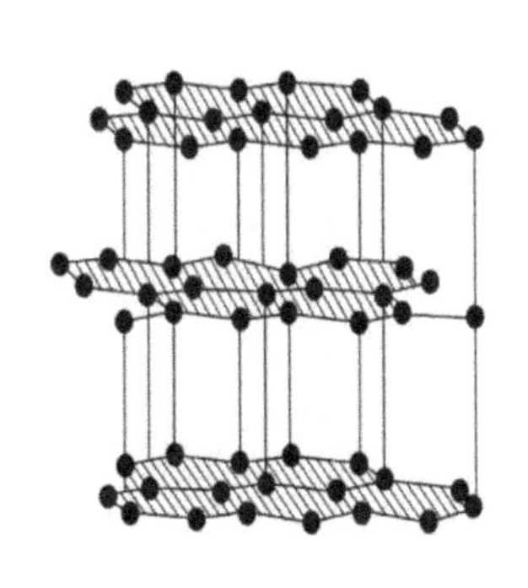

图 3

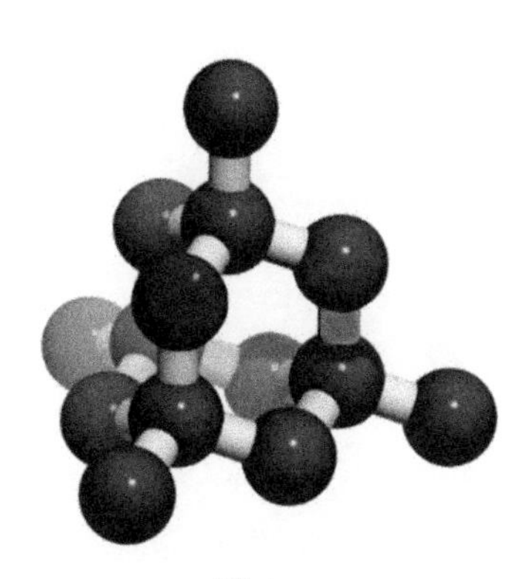

图 4

（3）借助握力测量仪（图 5）等帮助参与者感受抽象的形成条件

这些抽象的数字，我们来帮助大家逐个感受，当然这只是为了大家方便理解，从理论上进行的解释，实际工业上的操作没有这么简单。5GPa（50 亿帕）的压强大概是多大的力量？我这里有一个握力测量器，谁来压一下，看能产生多大的压力。力大的成年男性的握力值在 50 千克左右，约为 500N 的力，作用在 1 粒白砂糖上，产生的压强是 0.5GPa，也就是从理论上来说，10 名成年男性合力作用在 1 粒白砂糖上就能产生 5GPa 的压强。接下来，我们感受一下 1500℃是什么概念，家里的天然气加热温度最高可达 500 度左右，学校实验室的酒精喷灯加热温度最高可达 1000℃左右，炼钢厂炼钢时的温度在 1500 ~ 2000℃。

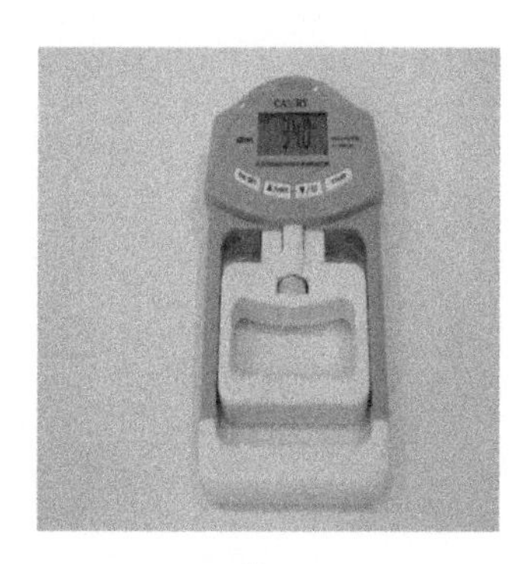

图 5

（4）介绍人工钻石的制作方法

工业上生产人工钻石时，使用到的常用机器之一是六面顶压机（图 6、图 7）。（展示六面顶压机模型）通过六面顶压机做出的钻石有不少缺点——杂质多、偏黄等，这类钻石通常被用于工业用途。后来科学家又发明了一种新的方法——CVD 化学气相沉淀法，这里就有一颗 CVD 法做出的人工钻石（图 8），从肉眼上看是晶莹剔透的，和天然钻石没什么不一样。这里还有一支验钻笔（图 9），让我们来检验一下这颗人工的钻石是不是真正的钻石。（向参与者展示人工合成钻石，并用验钻笔分别检验人工钻石和玻璃）

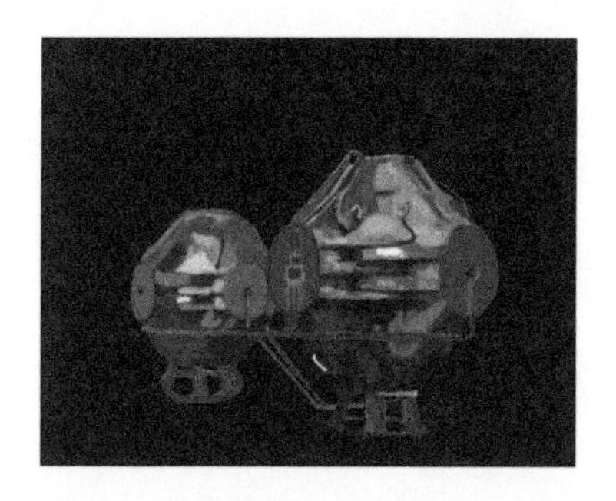

图 6

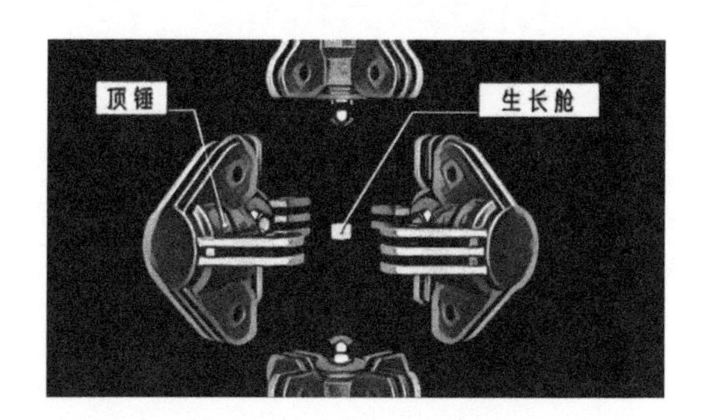

图 7

图 8

图 9

（5）总结（钻石部分）

钻石由碳元素组成，成分和煤炭区别不大；碳元素在地球存在广泛；形成钻石所需要的条件不高，地球自身的地壳运动，就能形成钻石。人类已经可以量产钻石，且品质与天然钻石无异。

2. 黄金部分

（1）介绍黄金的组成物质

组成钻石的不是“钻石”元素，而是碳元素；黄金和钻石不同，组成黄金的就是金元素本身，不存在通过改变金元素的排列结构，制造黄金。

（2）通过介绍黄金的自然形成条件与方式，引出对核反应的讲解。

黄金是怎么形成的，等于在问金元素的形成方法，等于在问制作钻石的碳元素的形成方法，等于在问构成我们这个世界的许多元素的形成方法。为了回答这个问题，我们需要先了解核反应。一说到核反应，我们会想到核裂变、核聚变、核电厂、原子弹。那么核反应后，除了产生了能量，核原料变成了什么？（拿出元素周期表）核原料变成了构成这个世界的各种元素。氢元素的质子数为 1，需要 1300 万℃的温度，才可能发生核聚变，核聚变的产物是氦元素和能量。氦元素的质子数为 2，需要 1 亿℃的条件才可能发生聚变，聚变的产物可能是碳元素和能量。（使用橡皮泥模拟核聚变）铁元素的质子数为 26，需要多少温度的条件才会聚变成金元素即黄金？铁元素是恒星聚变的终点。在恒星上，当氢元素一路聚变到铁元素后，恒星的能量就耗尽了，换句话说，恒星的能量也无法聚变出元素周期表上铁之后的元素。有些体量小的恒星，比如太阳系的太阳（图 10、图 11），连铁元素都聚变不出，就能量耗尽了。铁之后的元素，需要超新星爆炸（图 12）才能产生。恒星的“力量”耗尽后，恒星便走向了毁灭，其中一种毁灭方式为超新星爆炸。超新星爆炸在一瞬间产生极端高温和高压，在这种极端混沌中，中子产生了。铁族元素容易捕获中子，当捕获的中子足够多时，铁元素就变成了银元素；银元素继续捕获中子，变成了金元素。金元素继续捕获中子，就变成了铅元素，铅元素继续捕获中子就变成了铀元素。铀元素就是现在人类科技能实现的核裂变反应堆（图 13）中所使用的燃料，即科学水平飞跃后，铅也极有可能成为裂变燃料。

图 10

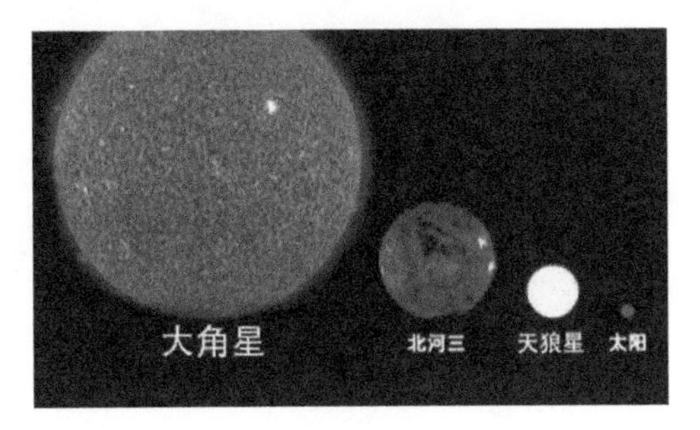

图 11

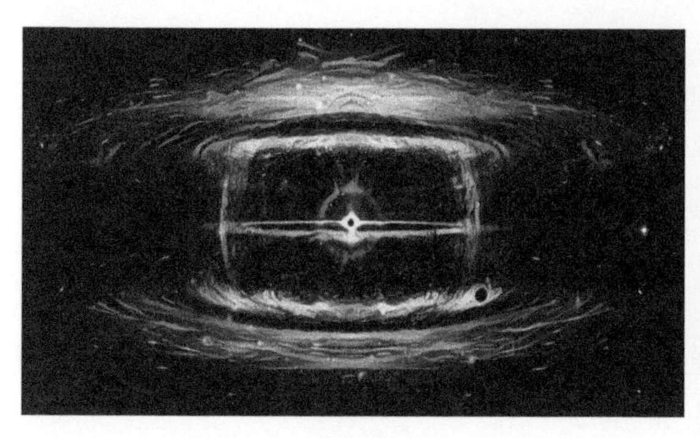

图 12

图 13

（3）总结，让参与者重新认识核反应，了解核反应是形成世界的基石之一

（图表演示）轻元素（铁以下元素）发生聚变反应—超新星爆炸—重元素（铁以上元素）发生裂变反应。（由于钴、镍、铜、锌都是极少量，而且也不是一定会生成，因此，在一般简单的科普描述中都将铁元素视为恒星聚变的终极产物。）

（4）介绍人工合成黄金的方法

人类现在可以通过粒子加速器模拟黄金自然形成的过程，从而制作黄金。但这种方式只能一个金原子一个金原子地制作，制作1克黄金需要几百亿年的时间。[展示粒子加速器模型（图14）]所以人工合成黄金只停留在理论层面，人类无法在现实生活中制造黄金，地球上所有的黄金都是光年之外宇宙的产物，由超新星爆炸形成，在太阳系形成之前的尘埃中就已经存在。现在地球上地壳和地幔的金多是拜后期重轰炸期（约40亿年前）的小行星撞击事件所赐。截至2012年，人类开采出的黄金总量只能装满3个奥运会游泳池。

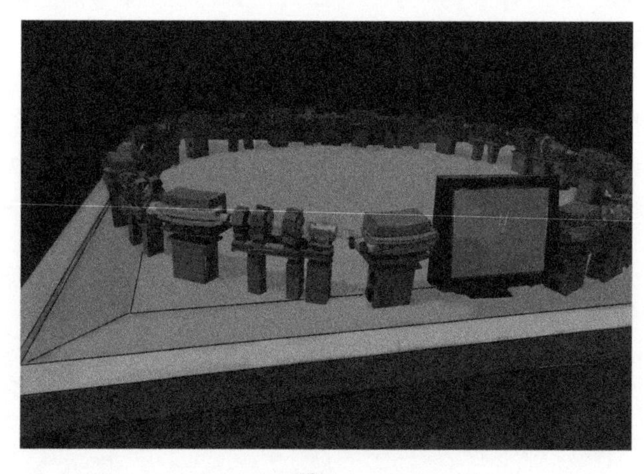

图 14

（5）介绍黄金的延展性

黄金有极佳的延展性，1克黄金可以捶打成1平方米的薄片，600克黄金拉长后可以环绕地球一圈，（展示金箔）所以我们才会感觉到处是黄金。

（6）归纳出结论

从物质形成的角度看，黄金比钻石名贵很多。在地球 1 光年的距离内，就有钻石形成的自然条件，而黄金自然形成的条件要在光年之外才能找到。

活动小结

通过类比黄金与钻石的构成物质与形成条件等，使观众了解到从物质形成条件的角度上看，黄金远比钻石更名贵，让观众通过生活中能接触到的珠宝，实实在在体会到核能发电、核武器只是核反应的两种应用，核反应的本质是构成世界的基石之一。

三、活动拓展

（一）地球黄金的来源

金元素的原子序数为 79，相较于其他元素，属于高序数的重元素。科学家们推测这种重元素是在超新星核合成的过程中产生的。金元素已经存在于宇宙尘埃中很长时间了，早在太阳系之前就已经形成了。由于地球在形成初期处于熔化状态，早期漂泊到地球的金元素几乎都已经沉入地核。因此，现在地壳和地幔内的金元素大部分是在后期重轰炸期（约 40 亿年前），由小行星撞击事件所带来的。

（二）黄金的开采与供求

黄金价高是因为其数量极为稀少。在地球地壳蕴含的元素中只有十亿分之三是金。1910 年后，75% 已发现的矿藏已经被开采。截至 2014 年底，人类总共开采约 18.36 万吨（相当于 9513 立方米）的金，装不满 3 个标准游泳池。产量中的 50% 用于珠宝，40% 用于投资，还有 10% 用于工业。以现在的消耗量，黄金的供应估计可以维持 45 年。世界最大的黄金储备位于纽约的联邦储备银行，持有约 3% 的已开采黄金，位于诺克斯堡的美国金银储备库（U.S. Bullion Depository）也有相同持有量。2015 年 11 月，全球持有黄金的靠前的国家依序有：美国、德国、意大利、法国、中国、俄罗斯、瑞士、日本、荷兰，第一名美国拥有金量为 8133.5 吨，第二名德国为 3381.0 吨。[①]

（三）钻石概述

钻石，化学和工业中称为金刚石。金刚石是碳元素组成的无色晶体，为目前已知的自然存在的最硬物质，但脆度低，可以被敲碎。金刚石在纯氧中燃点为 720 ~ 800℃，在空气中为 850 ~ 1000℃。碳有 3 种已知的同素异形体：金刚石、石墨和富勒烯。[②]

（四）合成钻石概述

合成钻石也可以称作人造钻石，即通过人工技术加工制成的钻石。合成钻石也经常被称作 HPHT 钻石和 CVD 钻石，这两个名称分别来自两种不同的制作方式：高温高压法

① 黄金 . 维基百科 [DB/OL].[2019-12-20]https://en.wikipedia.org/wiki/Gold.
② 天然钻石 . 维基百科 [DB/OL].[2019-12-20]https://en.wikipedia.org/wiki/Diamond.

（High-Pressure High-Temperature）以及化学气相沉积法（Chemical Vapor Deposition）。

高压高温法合成的钻石克拉数较小，而且金属触媒会在钻石内留有残渣，机器内极少量的氮元素还会混入钻石中，让钻石呈现黄色。因此，最初的人工钻石技术只能制造出极小的钻石颗粒或者成色泛黄的钻石，仅能附加于砂轮和切割刀上做工业用途，没有珠宝价值。但是毛河光等人公开发表 CVD 钻石的研究申请专利后，全世界有 100 家实验室一窝蜂投入这种 CVD 钻石研发，但因无法突破钻石生长的速度后来纷纷退出，毛河光的实验室则是耗费 100 万美元不断实验，终于 2005 年发现了人工钻石迅速长大的秘方，生产出 10 克拉纯洁钻石一举轰动钻石业界，其后毛河光只表示与多家珠宝厂商洽谈量产应用中，从此深居简出也没有再发表过钻石相关论文，也没有后续生产应用的公开消息，成为学术界一大谜团。

2010 年毛河光研究小组的蒙宇飞博士合成出目前世界上最大的 CVD 无色钻石，切割后达 2.3 克拉，外观媲美优质天然钻石。①

（五）超新星概述

超新星是某些恒星在演化接近末期时经历的一种剧烈爆炸。这种爆炸极其明亮，过程中所突发的电磁辐射经常能够照亮其所在的整个星系，并可能持续几周至几个月才会逐渐衰减。而在此期间，一颗超新星所释放的辐射能量可以与太阳在其燃烧阶段中辐射能量的总和相当。恒星通过爆炸可以将其大部分甚至几乎所有物质以高至 1/10 光速的速度向外抛散，并向周围的星际物质辐射激波。这种激波会导致一个由膨胀的气体和尘埃构成的壳状结构形成，这被称作超新星遗迹。超新星是星系引力波潜在的强大来源。初级宇宙射线中来自超新星的占了很大的比例。②

（六）超新星核合成③

超新星核合成是阐述新的化学元素如何在超新星内产生，主要发生在易于爆炸的氧燃烧和硅燃烧的爆炸过程产生的核合成。这些融合反应创造的元素有硅、硫、氯、氩、钾、钙、钪、钛和铁峰顶元素（钒、铬、锰、铁、钴、镍）。由于这些元素在每次的超新星爆炸中被抛出来，因此在星际介质中的丰度越来越大。重元素（比镍重的元素）主要是由所谓的 r 过程捕获中子创造出来的。然而，也有某些元素通过其他的核合成过程生成，像是著名的捕获质子的 Rp 过程和导致光致蜕变过程的 γ 过程或 p 过程。重元素中最轻的、中子最少的同位素，都是由后者产生的。超新星爆炸释放出的极大能量也产生了比恒星所能产生更高的温度。如此的高温营造出的环境使原子量高达 254 的元素也能形成，锎是已知最重的元素，但在地球上只能由人工合成。在核聚变的过程中，恒星核合成所能融合产生的最重元素是钴、镍、铜、锌。只有质量最大的那些恒星能通过本身的核聚变制造出原子序在铁和锌之间的元素。由于钴、镍、铜、锌都是极少量，而且也不是一定会生成，因此，在一般简单的科普描述

---

① 合成钻石 . 维基百科 [DB/OL].[2019-12-20]https://en.wikipedia.org/wiki/Synthetic_diamond.
② 超新星 . 维基百科 [DB/OL].[2019-12-20]https://en.wikipedia.org/wiki/Supernova.
③超新星核合成 . 维基百科 [DB/OL].[2019-12-20]https://en.wikipedia.org/wiki/Supernova_nucleosynthesis.

中都将铁元素视为恒星聚变的终极产物。

（七）恒星的演化

恒星在星际物质扩散区域内密度较高的地区形成，但是该地区的密度仍然低于我们在真空室内所能创造的密度。这样的地区一般被称作分子云，其中绝大部分是氢，大约含23% ~ 28% 的氦，还有少量重元素。猎户座大星云就是恒星形成区的一个例子。当大质量的恒星在分子云内形成，它们不仅将照亮那团云气，也会使氢电离，创造出 HII 区。

所有的恒星在绝大部分时间都是主序星，主要是燃烧氢元素，经由核聚变产生氦。然而，不同质量的恒星在其演化阶段有着截然不同的性质，大质量恒星不仅消失方式和低质量恒星不同，它们的亮度和对周遭环境的冲击也不同。因此，天文学家经常以质量将恒星分成不同的群组：极低质量的恒星，质量少于 0.5 个太阳质量的恒星不会演化进入渐近巨星分支（AGB），但是会直接成为白矮星；低质量恒星（包括太阳）是质量超过 0.5 个太阳质量，但未超过 1.8 ~ 2.2 个太阳质量的恒星，会演化进入渐近巨星分支（依据它们的组成），在那里演化出简并的氦核；中等质量恒星是质量超过 1.8 ~ 2.2 个太阳质量，但未超过 5 ~ 10 个太阳质量的恒星，会经历氦聚变和演化出简并的碳 – 氧核；大质量恒星的质量至少是7 ~ 10 个太阳质量，但也可能低至 5 ~ 6 个太阳质量，这些恒星在生命的后期经过碳融合，并以核心坍缩的超新星爆炸结束。①

（八）核聚变概述

核聚变，又称核融合、融合反应或聚变反应，是指将两个较轻的核结合形成一个较重的核和一个极轻的核（或粒子）的一种核反应形式。在此过程中，物质没有守恒，因为有一部分正在聚变的原子核的物质被转化为光子（能量）。核聚变是给活跃的或“主序的”恒星提供能量的过程。②

两个较轻的核在融合过程中产生质量亏损而释放出巨大的能量，两个轻核在发生聚变时虽然因它们都带正电荷而彼此排斥，然而两个能量足够高的核迎面相遇，它们就能相当紧密地聚集在一起，以致核力能够克服库仑斥力而发生核反应，这个反应叫作核聚变。

（九）质子 – 质子链反应

质子 – 质子链反应是恒星内部将氢融合成氦的几种核聚变反应中的一种，另一种主要的反应是碳氮氧循环。质子 – 质子链反应在太阳或更小的恒星上占有主导的地位。克服两个氢原子核之间的静电斥力需要很大的能量，并且即使在太阳高温的核心中，平均也还需要 1010 年才能完成。由于反应是如此缓慢，所以太阳迄今仍能闪耀着，如果反应稍为快速些，太阳早就已经耗尽燃料了。

第一个步骤是两个氢原子核 ^{1}H（质子）融合成为氘，一个质子经由释放出一个 e^{+} 和一个中微子成为中子。

---

① 恒星的演化 . 维基百科 [DB/OL].[2019-12-20]https://en.wikipedia.org/wiki/Stellar_evolution.

② 核聚变 . 维基百科 [DB/OL].[2019-12-20]https://en.wikipedia.org/wiki/Nuclear_fusion.

$$^{1}H + {}^{1}H \rightarrow {}^{2}H + e^{+} + \nu_e$$

在这个阶段中释放出的中微子带有 0.42MeV 的能量。

第一个步骤进行得非常缓慢，因为它依赖的吸热的 β 正电子衰变，需要吸收能量，将一个质子转变成中子。事实上，这是整个反应的瓶颈，一颗质子平均要等待 109 年才能融合成氘。

正电子立刻就和电子湮灭，它们的质量转换成两个 γ 射线的光子被带走。

$e^{+} + e^{-} \rightarrow 2\gamma$（它们的能量为 1.02MeV）

在这之后，氘先和另一个氢原子融合成较轻的氦同位素：^{3}He。

$^{2}H + {}^{1}H \rightarrow {}^{3}He + \gamma$（能量为 5.49 MeV）

然后有 3 种可能的路径来形成氦的同位素 ^{4}He。在 pp1 分支，氦 –4 由两个氦 –3 融合而成；在 pp2 和 pp3 分支，氦 –3 先和一个已经存在的氦 –4 融合成铍。 在太阳，pp1 最为频繁，占了 86%，pp2 占 14%，pp3 占 0.11%，还有一种是极端罕见的 pp4 分支。①

（十）核合成概述

核合成是从已经存在的核子（质子和中子）创造出新原子核的过程。原始的核子来自大爆炸之后已经冷却至 1000 万℃以下，由夸克胶子形成的等离子体海洋。在之后的几分钟内，只有质子和中子，也有少量的锂和铍（原子量都是 7）被合成，但相对来说仍只有很少的数量。太初核合成的第一个过程可以称为核起源（成核作用），随后产生各种元素的核合成，包括所有的碳、氧等元素，都是发生在原始恒星内部的核聚变或核裂变。②

（十一）太初核合成③

太初核合成发生在宇宙最初的 3 分钟，并且是影响了宇宙中 ^{1}H（氕）、^{2}H（氘）、^{3}He（氦 –3）和 ^{4}He（氦 –4）等元素丰度的主要原因（丰度，又称天然存在比，是指在一个行星上被发现天然存在的化学元素的同位素的化学元素丰度）。虽然 ^{4}He 继续通过其他的机制（例，恒星的核聚变和 α 衰变）产生，微量的 ^{1}H 也继续由散裂和其他放射性衰变（质子发射和中子发射）产生，但是宇宙中其他元素的大量同位素都经由罕见的团衰变（cluster decay），在大爆炸之际被制造出来。这些元素的核子，像是 ^{7}Li 和 ^{7}Be，被认为是在宇宙形成的 100 ~ 300 秒的时段内，在太初的夸克胶子海冻结形成质子和中子之后形成的。但是因为太初核合成在膨胀和冷却之前经历的时间很短，因此没有比锂更重的元素可以生成（这段元素形成的时态是在等离子体的状态下，尚未冷却到可以让中性元素形成的状态）。

（十二）恒星核合成④

恒星核合成发生在恒星演化过程中的恒星阶段，从碳到钙元素在这个阶段的核聚变中

---

① 质子 – 质子链反应 . 维基百科 [DB/OL].[2019-12-20]https://en.wikipedia.org/wiki/Proton%E2%80%93proton_chain_reaction.

② 核合成 . 维基百科 [DB/OL].[2019-12-20]https://en.wikipedia.org/wiki/Nucleosynthesis.

③太初核合成 . 维基百科 [DB/OL].[2019-12-20]https://en.wikipedia.org/wiki/Big_Bang_nucleosynthesis.

④ 恒星核合成 . 维基百科 [DB/OL].[2019-12-20]https://en.wikipedia.org/wiki/Stellar_nucleosynthesis.

形成。恒星是将氢和氦聚变成更重元素的核子炉，质子－质子链反应发生在温度比太阳低的恒星内，碳氮氧循环发生在温度比太阳高的恒星内。

碳是重要的元素，因为从氦形成碳是整个过程中的瓶颈。在所有的恒星内，碳都是由3氦过程产生的。碳也是在恒星内部产生自由中子的主要元素，在引发的S过程中，慢中子被吸收后产生比铁和镍（^{57}Fe 和 ^{62}Ni）更重的元素。恒星核合成的产物通常经由行星状星云或恒星风散布至宇宙内。20世纪50年代早期，科学家在红巨星的大气层内发现了锝元素，第一次直接证明了核合成在恒星内部发生。锝是放射性元素，而半衰期又远短于恒星的年龄，所以锝元素必然是在恒星的生命历程中产生的。更令人信服的证据是在恒星的大气中有极为大量的特别稳定的元素。在研究过程中，很重要的事例是钡的丰度。钡的丰度比未发展的恒星多了20～50倍，这是S过程在恒星内部进行的证据。许多新的证明出现在宇宙尘内同位素的组成上，这些是来自个别恒星的气体凝聚而成和从陨石分离出来的固体颗粒。星尘是宇宙尘的成分之一，测量同位素状态，可以展现恒星内部核合成的状态。

（十三）爆炸核合成①

爆炸核合成分为两部分，第一部分是超新星核合成；第二部分是在强烈的典型超新星爆炸前1秒钟，由核反应制造出比铁更重元素的过程。在超新星爆炸的环境里，硅和镍之间的元素由融合快速产生，并且在超新星里有更进一步的核合成发生，像是R过程：使在爆炸中释放出来的自由中子迅速被吸收，制造出比镍重且富含中子的同位素。这种反应产生了自然界中的放射性元素，例如铀和钍，并且这些重元素都有富含中子的同位素。

Rp过程如同中子吸收一样，涉及自由质子的快速吸收，但其角色较不确定。

爆炸核合成产生过快的放射性衰变，使中子的数量大为增加，因此产生了许多质子和中子为偶数的同位素，包括 ^{44}Ti、^{48}Cr、^{52}Fe 和 ^{56}Ni。这些同位素在爆炸后衰变成为各种原子量不同的稳定同位素。许多这样的衰变都伴随着 γ 射线的辐射，因此能辨认出这些爆炸中被创造的同位素。

最明确的证据来自超新星1987A的爆炸，在超新星1987A爆炸时侦测到大量涌现的 γ 射线，证明了核合成的发生。从 γ 射线确认了 ^{56}Co 和 ^{57}Co，它们的放射性半衰期寿命约为1年，证明了 ^{56}Fe 和 ^{57}Fe 是由放射性衰变产生的，而早在1969年核子天文学家就做了这样的预言。作为爆炸核合成的一种预测和证实方法，并且在计划中成功扮演着重要角色的是美国航空暨太空总署的康普顿 γ 射线天文台；其他爆炸核合成的证明还有星尘中来自超新星爆炸后扩散并被冷却的颗粒。星尘是宇宙尘成分的一部分，在超新星爆炸时凝聚的颗粒中，放射性44Ti的含量特别丰富。在这些颗粒中其他异常的同位素比例，更具体证实了爆炸核合成。

（侯奕杰）

① 爆炸核合成 . 维基百科 [DB/OL].[2019-12-20]https://en.wikipedia.org/wiki/Nucleosynthesis.

萌熊出没

一、方案陈述

（一）主题

大熊猫。

（二）科学主题

从大熊猫的外形特点、身体结构、生活习性等入手，探究“活化石”大熊猫的演化策略和生存之道。

（三）相关展品

大熊猫、棕熊标本。

（四）传播目标

1. 激发科学兴趣。由现场萌萌的大熊猫标本和生动的讲解激发观众进一步了解大熊猫的兴趣。

2. 理解科学知识。通过对比大熊猫和棕熊的标本、头骨及手骨模型，引导观众观察两者在外形特征、身体结构、生活习性等方面的巨大差异。

3. 进行科学推理。引导观众思考，大熊猫是如何变成这么“萌”的熊？它的演化策略和生存之道有哪些？可拓展延伸，了解达尔文物种进化理论。

4. 反思科学。大熊猫被称作“活化石”，然而已知现存的野生大熊猫数量极少，引导观众思考它是否走到了进化的死胡同，讨论其现存数量极少的根本原因及研究意义，总结反思人类行为，配合图片、漫画、视频等加以演示说明。

5. 参与科学实践。通过任务卡，让观众基于之前的互动学习进行概括总结，并引导观众继续观察展厅中其他熊科动物，分析探究它们的演化策略和生存之道，达到参与实践的目的。

6. 发展科学认同。爱自熊猫，不止于熊猫，呼吁爱护动物，保护生态环境。

（五）组织形式

1. 活动形式：演示加互动实验。

2. 活动观众：全年龄。

3. 活动时长：30 分钟左右 / 场。

（六）注意事项

1. 动物世界展区为半开放式陈列方式，活动中提醒观众不要翻越栏杆、触摸标本。

2. 骨骼模型需要轻拿轻放，不建议让年龄较小的观众拿在手中观察。

3. 使用毛笔蘸水在反复水写布上绘画时，注意勿将水打翻，备好抹布。

（七）学生手册

1. 认真听讲解，积极参与互动，了解国宝大熊猫的演化策略和生存之道。
2. 积极参加讨论，认真思考、总结。
3. 根据探索任务卡，在展区进行深度展品观察。

（八）材料清单

大熊猫、棕熊骨骼模型（包括头骨、手骨）；反复水写布套装（笔、画布、水杯、抹布）；含有熊猫便便成分的纸巾；竹子。

二、实施内容

（一）活动实施思路

对大熊猫标本进行生动讲解从而吸引观众驻足。首先，引导观众通过观察大熊猫和棕熊标本（图1），包括周围布置的场景，了解两者在外形特点、生存环境等方面的区别。其次，通过大熊猫和棕熊的头骨、手骨模型对比，引导观众进一步发现两者在身体结构、生活习性等方面的巨大差异并思考原因，鼓励观众积极参与互动，逐步了解大熊猫的演化策略和生存之道。最后，了解大熊猫现状，总结反思人类行为，呼吁爱护动物，保护生态环境。

图1　标本

（二）运用的方法和路径

辅导员基于展品现场讲解，并运用模型、实验道具、多媒体等方式组织观众参与活动，逐步引导观众观察、互动、讨论及反思。

（三）活动流程指南

活动导入

1. 作为熊科动物，大熊猫为什么看起来特别萌？

展厅呈半开放式陈列，观众可近距离观察大熊猫、棕熊动物标本及环境布置，初步了解两者生存环境及外形特点。

大熊猫是我国特有物种，被列为国家一级重点保护野生动物，素有我国“国宝”和“活化石”之称。常居住于海拔 2400 ~ 3500 米的高山竹林中。大熊猫全身大部分（面部、颈部、腹部、臀部）是白色，四肢、耳朵是黑色，还有两个八字形的黑眼圈，让眼睛看起来大了10倍。吻（鼻梁）明显比棕熊短，加上宽宽的脸颊和浑圆的大脑袋，显得非常“萌”；短鼻子、圆脸、大头、大“眼”，这些都是婴儿（幼崽）的特征，能激发我们保护欲。

活动中

●体验环节

2. 引导观众思考，大熊猫是如何变成这么“萌”的熊呢？

环节 1：通过为大熊猫上“色”活动进一步认识其特殊的毛色。

准备好 1 ~ 2 块反复水写布，用防水笔初步在水写布上勾画好大熊猫轮廓，请观众使用毛笔蘸水后为大熊猫上“色”。

引导观众逐步观察，推测大熊猫特殊毛色形成的原因。比如有科学家提出，大熊猫黑白相间的毛色有利于它们在多雪的栖息地隐藏自己（图 2）。黑色的耳朵可能有助于传达一种凶猛的感觉，从而警告天敌。黑眼圈可能有助于相互辨认或向竞争对手发出挑衅信号（图 3）。

图 2　大熊猫正面、侧面参考图

图 3　论“黑眼圈”的重要性

这样的双体色很有可能是饮食造成的，吃竹子意味着它无法像其他熊科动物那样储存足够多的脂肪以便在冬季冬眠。因此它一年到头都不得不四处活动，长途跋涉，穿梭于各类栖息地。此外，观察熊猫的尾巴，会发现虽然它不到 20 厘米，却仍是熊科动物里除懒熊外尾巴最长的，而且它是白色的（图 4）。

图 4　电影《功夫熊猫》里的大熊猫尾巴画错了

环节 2：通过观察、触摸大熊猫和棕熊的头骨、手骨模型，了解大熊猫吃竹子使用的“武器”，探索大熊猫的演化策略和生存之道。

首先，通过漫画解说，让观众了解大熊猫的演化历史。熊猫是熊，2000 万年前左右，它最先与其他熊科物种分道扬镳，独自演化。在 800 万年前的中新世时期，始熊猫（A. lufengensis）登上舞台，它们还是杂食动物，只有前臼齿有食竹的雏形。300 万年前，始熊猫灭绝，但演化的旁支小种大熊猫（A. microta）出现在中国中南部地区。它的体形只有现今大熊猫的一半，所以说它“小”。小种大熊猫还是杂食，但食物中竹子的比例已经很高。到了更新世中期，云贵高原和秦岭拔地而起，阻挡了西北干冷季风南下，造就了云贵、秦岭东南等地湿热的气候。后来小种大熊猫灭绝，被巴氏大熊猫替代，其分布达到了极盛，北至周口店，南下缅甸、越南都有它们的踪影，其间同大熊猫一起生活的有剑齿象、剑齿虎、北京猿人、南方猿人等。[①]然而，随着冰期温度降低，自然环境剧烈变化，大熊猫——剑齿象动物群里大部分物种都难逃灭绝的厄运。可以说，选择吃竹子，是一种避免与其他熊类竞争的演化策略，这也是大熊猫得以繁衍至今的生存之道。

由于竹子是一种纤维素高而营养很低的食物，大熊猫只能吸收食物中 17% 的营养，所以它们必须每天花 10 小时以上的时间来进食，剩下时间大部分用来睡觉。每天进食量可以达到 12 ～ 40 千克（取决于吃竹子的哪个部位），接近体重的 20% ～ 40%。但是竹子营养和水分少，大部分都给排出来了。不管是吃还是睡，都挡不住熊猫拉便便。它们的粪便非

① 胡锦矗 . 大熊猫的起源与演化 . 起源与演化 [J].2008，11:30–35.

常有存在感——梭子形，里面可以清晰辨别竹竿、竹叶（图 5）。

熊猫的便便甚至还可以用来生产纸巾（图 6）！

图 5　大熊猫的“粑粑”

图 6　含有大熊猫“粑粑”成分的纸巾

不过，花那么多时间吃竹子会不会很累呢？别担心，大熊猫具有一系列适应吃竹子的身体特征，成为它们进食的“武器”。

（1）粗壮厚实的头骨

和其他熊科动物相比，大熊猫的咬合力仅次于北极熊和棕熊，具有强大的咀嚼肌，头骨重且厚，为强大的咬合力提供了结构支持（脸大有原因）（图 7）。大熊猫吃竹子就像我们啃黄瓜似的，齐齐整整地咬断，绝不拖泥带水。在始熊猫到大熊猫演化过程中，咀嚼功能不断加强，下颌联合缝逐渐加长，颅骨顶额隆起也越来越高（图 8）。

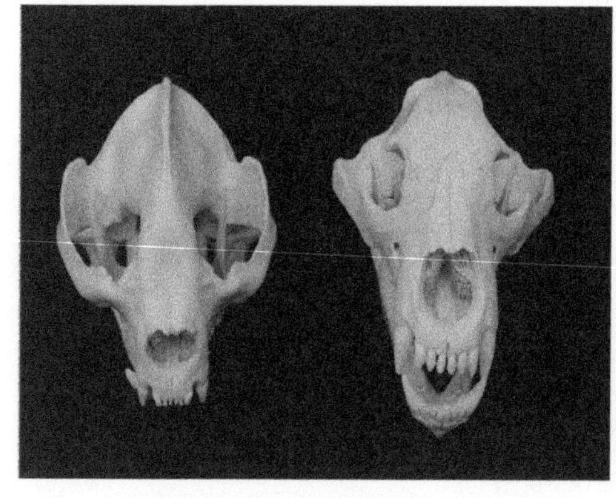

图 7　大熊猫头骨（左）和棕熊头骨（右）正面照

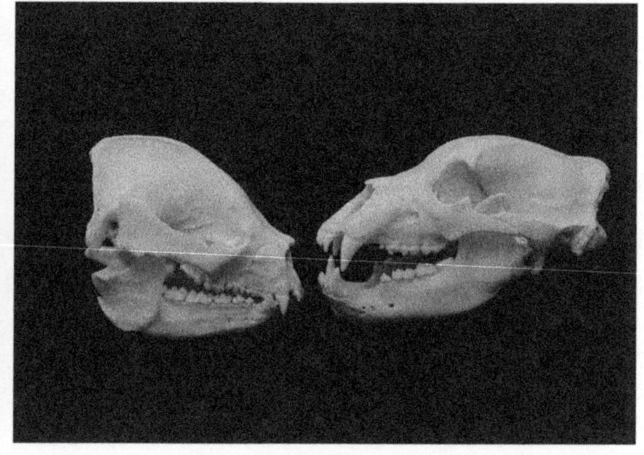

图 8　大熊猫头骨（左）和棕熊头骨（右）侧面照

（2）强大的消化系统——牙齿、消化道

别看大熊猫现在看起来这么“萌”，在古代，大熊猫可是被称作“食铁兽”。在现代的生物学分类中，它也是属于食肉目熊科。这是因为大熊猫具备所有食肉目动物都有的裂齿。

随着食性的转变，它从食肉的祖先变为吃竹子的高手（偶尔也会开荤吃点肉），牙齿也起了相应的变化，它的臼齿非常发达（变宽变大），是食肉目动物中最强大的，构造较为复杂，接近于杂食性兽类，裂齿的分化不明显，犬齿和前臼齿发达，没有齿槽间隙（图 9）。①

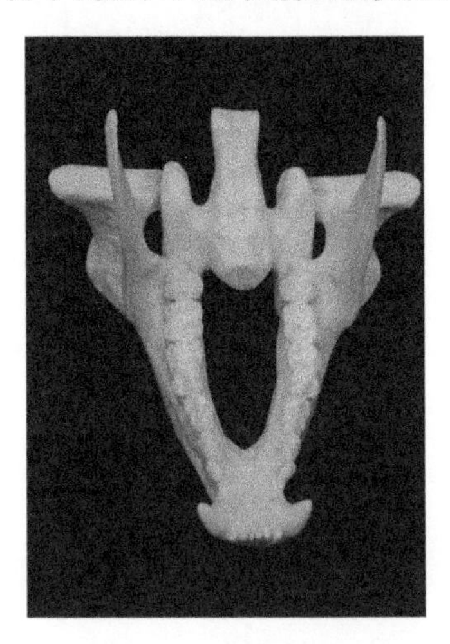

图 9　大熊猫的牙齿

虽然食性转向了吃竹子，熊猫的消化系统却仍保留肉食动物的特征，比如消化道很短，不能延长食物滞留和消化的时间；只有单胃，不能像有四个胃腔的反刍动物（牛、羊等）那样，充分吸收植物里的营养……为了获得所需的营养，唯一的办法就是快吃快拉、随吃随拉。不过大熊猫还拥有一项隐藏的秘密武器，通过增加肠道绒毛的数量和长度，来增大吸收物质的表面积。同时，它们肠道分泌物增多，可以保护肠道免被含硅很高的竹子扎到，且这些分泌物也会包裹在便便外，帮助便便顺利排出。

（3）可以把竹叶剥离竹竿的灵巧“拇指”

在观察熊猫手骨的基础上，让观众分别用 4 根手指（除大拇指外）和 5 根手指模拟大熊猫抓握竹子，比较难易度。

大熊猫的腕部籽骨特化成第六指“伪拇指”，伪拇指上并没有爪子（图 10）。这一特点使得熊猫拥有其他熊类所不具有的对握功能，可以更好地进行抓握，方便它们灵活的、一气呵成地采食竹子。这种对握本事并不常见，除了考拉和大部分灵长类，也就吃竹子的大、小熊猫了。其中，只有大、小熊猫特化出“第六指”去和其他五个指头对握。有趣的是，大、小熊猫并没有很近的亲缘关系（大、小熊猫之前的差异比人类与猩猩之间的差异还要大得多），但为了适应吃竹子，却分别演化出相同的特征，就是所谓的“趋同进化”。如果你有机会看到熊猫的前脚印，会是六个指印，五个爪印。熊猫的后掌并没有第六根指头。

① 李涛，赖旭龙，周修高．大熊猫的分类与演化综述．地质科技情报 [J].2004，23（3）:41–45.

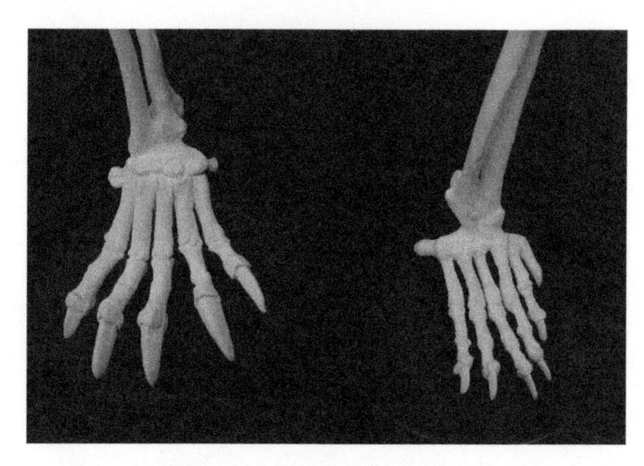

图 10　棕熊（左）和大熊猫（右）手骨对比

●讨论环节

大熊猫到底是进化史上的成功者还是失败者？引导观众思考大熊猫现存数量极少的根本原因，可以从一些谣言出发，组织现场讨论。

谣言 1：熊猫吃竹子，一旦竹子开花，就会死光光。

真相：大熊猫不会被开花的竹子难倒。虽然竹子有周期性集体开花之后成片死亡的现象，但在熊猫栖息地分布的、可供熊猫吃的竹子有近 40 种。竹子的集体开花周期是不一样的，一种开花了，熊猫就迁移到其他地方，去找另一种竹子吃。熊猫吃竹子，有着刁钻的聪明。竹笋最有营养，所以从初春开始，熊猫会一路追着发出的竹笋，从低海拔吃到高海拔。夏天竹叶营养最佳，就紧着竹叶吃，冬天营养跑到竹竿，熊猫就啃硬货。因此熊猫可以从低谷一直分布到竹子的海拔高限 3500 米左右，并靠季节性的垂直迁移，来满足自己对营养的需求。

观看电影片段：《熊猫滚滚——寻找新家园》，了解熊猫穿梭森林竹海的灵活身手（图 11）。

图 11　《熊猫滚滚——寻找新家园》影片宣传海报

谣言 2：大熊猫生崽特别困难。

真相：每年 3 ～ 5 月，是熊猫的交配季节，虽然雌性只有 2 ～ 3 天的发情期，但并不妨碍熊猫在野外的旺盛性欲和繁衍，它们一点都不“性冷淡”。熊猫每两三年繁殖一次，每次 1 ～ 2 胎，会选择抚养较强壮的宝宝长大。虽然熊猫宝宝刚出生时属于“早产儿”，但是它的成活率可高达 60% ～ 90%。[①] 这样的繁殖率其实在高等动物里一点也不差。

大熊猫的繁殖时间和竹子的生长节律有关。熊猫的产仔日期距离交配将近半年，但它们的卵子受精后处于休眠状态，一直漂浮在子宫里，直到满足特定条件，才会落到子宫壁上开始发育。这是熊类的延迟着床。对于熊猫来说，宫内发育时间不足 2 个月，因此生下的幼崽只有 1/3 听可乐那么重（图 12）。有研究者怀疑，受精卵着床的条件是母亲从采食竹笋转向采食富含钙多的竹叶。出生后的仔仔会像跟屁虫一样黏着妈妈要奶吃，直到 9 个月大开始吃竹子。这就到了春暖花开的四五月，富含蛋白质的鲜嫩竹笋噌噌噌冒出来。这样的繁殖周期恰好可以让下一代赶上最好的时节。

不过，大熊猫对于生产环境要求较高。干扰较少的森林往往有大树，可以提供熊猫所需的产仔洞。这也就是为什么，一片好的林子对于熊猫如此重要。

图 12 大熊猫妈妈和刚出生的熊猫宝宝

●反思环节

3. 研究大熊猫的意义所在

在前期讨论的基础上进行提问，研究大熊猫的意义究竟何在？通过图文解说等方式了解大熊猫的生存现状，引起反思。

（1）为了更好地研究物种进化

大熊猫是国家“一级保护动物”，作为国宝，除却稀少这一点外，意义还远不止于此，更多的是在于它的研究价值。因为在更新世中期与大熊猫伴生的哺乳动物大多已在往后的

① 李彬彬 . 熊猫，到底是进化史上的败笔，还是赢家？ [J/OL].[2017-09-30]https://www.guokr.com/article/ 447531/ .

地质年代中被新的物种所取代，唯有大熊猫一直延续至今，历经 800 万至 900 万年的沧桑演变和严酷的气候袭击，以及人类的排挤，演化到现在，所以被誉为动物“活化石”。

（2）为了更好地保护大熊猫

根据最新（2015 年）的全国熊猫调查估测，野外大熊猫的数量是 1864 只，仅分布在四川、陕西和甘肃三省的 6 个山系里：秦岭、岷山、邛崃山、大相岭、小相岭和凉山。面积加在一起，也就是 1.6 个北京大。其中四川岷山，就是九寨沟所在的山系，有着最多的熊猫（40% 的种群数量）和栖息地（38%）[①]。

虽然在过去 10 年，熊猫数量有所增加，却被分割成了 33 个局域种群，其中有 18 个局域种群个体数量少于 10 个，具有高度局域灭绝风险。它们与其他局域种群被一道道自然或是人为的屏障隔离，难以有个体和基因交流。倘若竹子开花枯死，另一种青翠竹子可能就在不远，只是没有连接两片地区的生态廊道，熊猫过不去；倘若一种恶疾来袭，局域种群内部太过相似，很难有个体带有抗病的基因而幸存，结果可能是一个局域种群的全军覆灭。在气候变化过快的当下，竹子的生长模式、范围发生改变，大熊猫来不来得及迁移适应？它们前景乐观么？这些都值得思考。

（3）为了保护完整的生态系统

作为唯一有野生大熊猫的国家，我们的保护远远不应该止步于扩大圈养种群，更合理的做法是把资源投放在野外栖息地的保护上。这种保护不仅仅庇佑熊猫，也庇佑着维系其他生物生存的命脉。保护熊猫不仅仅要保护个体，更多是要保护在其所在的栖息地和完整的生态系统。

大熊猫的分布地区，恰巧是中国特有物种最密集的地区，96% 的熊猫栖息地都是中国特有物种分布热点地区。熊猫栖息地里分布了 8000 多种动植物，覆盖了 70% 只在森林生活的中国特有哺乳类、70% 中国特有鸟类以及 30% 的特有两栖类。可以说保护任意一片熊猫喜好的林子，都庇护着诸多不为人知、独特而很有可能濒危的物种。我们对熊猫的爱，对它们家园的守护，使得熊猫就像一把大伞，保护和它生活在同一片土地的这些生灵。然而，还有近一半的熊猫栖息地仍在保护地之外，那里也是其他特有、濒危物种的分布区。保护这些地方，不论是以保护区、未来的国家公园、保护小区还是其他新型的保护模式，都有可能双赢。同时，熊猫支离破碎的栖息地也需要通过栖息地恢复或扩大面积、建立廊道来连接孤岛上的种群。

活动小结

4. 任务卡

活动结束后，发放任务卡，可以让大家根据此次的活动内容，并结合展区展品完成任务卡。

① 中国野生大熊猫种群数量达到 1864 只增长 16.8%.[EB/OL].[2015-02-28]http://www.xinhuanet.com/politics/ 2015-02/28/c_127528312.htm.

（1）比较：基于观察和活动，归纳大熊猫、棕熊的异同点。

（2）探索：寻找动物世界展区其他熊科动物，了解它们的演化策略和生存之道。

三、活动拓展

（一）大熊猫（Ailuropoda melanoleuca）

属于食肉目、熊科、大熊猫亚科和大熊猫属唯一的哺乳动物，头躯长 1.2 ~ 1.8 米，尾长 10 ~ 12 厘米，体重 80 ~ 120 千克，最重可达 180 千克。体色为黑白两色，它有着圆圆的脸颊，大大的黑眼圈，胖嘟嘟的身体，标志性的内八字的行走方式，也有解剖刀般锋利的爪子。大熊猫已在地球上生存了至少 800 万年，被誉为“活化石”和“中国国宝”，是世界自然基金会的形象大使、世界生物多样性保护的旗舰物种。野外大熊猫的寿命为 18 ~ 20 岁，圈养状态下可以超过 30 岁。大熊猫是中国特有物种，现存的主要栖息地是中国四川、陕西和甘肃的山区。

（二）棕熊（Ursus arctos）

亦称灰熊，是陆地上食肉目体形较大的哺乳动物之一，体长 1.5 ~ 2.8 米，肩高 0.9 ~ 1.5 米，雄性体量 135 ~ 545 千克，雌性体重 80 ~ 250 千克。头大而圆，体形健硕，肩背隆起。被毛粗密，冬季可达 10 厘米；颜色各异，如金色、棕色、黑色和棕黑等。前臂十分有力，前爪的爪尖最长能到 15 厘米。主要栖息在寒温带针叶林中，多在白天活动，行走缓慢，没有固定的栖息场所，平时单独行动。食性较杂，植物包括各种根茎、块茎、草料、谷物及果实等，喜吃蜜，动物包括蚂蚁、蚁卵、昆虫、啮齿类、有蹄类、鱼和腐肉等。冬眠，在冬眠时体温、心跳和排毒系统都会停止运作，以减少热量及钙质的流失，防止失温及骨质疏松。奔跑时速度可达 56 千米 / 时。冬眠期间产仔，每胎 1 ~ 4 仔，春季雌熊常带小熊在林中玩耍。分布于欧亚大陆，以及北美洲大陆的大部分地区。①

（三）小熊猫（Ailurus fulgens）

外形像猫，但较猫肥大，全身红褐色。圆脸，吻部较短，脸颊有白色斑纹。耳大，直立向前。四肢粗短，为黑褐色。尾长、较粗而蓬松，并有 12 条红暗相间的环纹；尾尖深褐色。蹠行性；前后足均具 5 趾；无性二型。头骨高而圆。小熊猫生活在海拔 1500 ~ 4800 米的温带森林中，尤其偏好林下有茂密竹丛的林子。在四川境内，小熊猫的分布基本与大熊猫重叠。与更喜欢阴湿竹林的“隐士”大熊猫不同，小熊猫似乎更喜爱阳光，常在向阳的山崖或高出竹林的树上晒日光浴。虽然跟大熊猫一样以竹为主食，但除了竹笋之外小熊猫只取食竹叶。由于小熊猫分布区内人口快速增长，面临的捕猎压力也日益增加，加上容易感染犬瘟热、对栖息环境要求较高而易受影响等因素，小熊猫种群数量呈现下

① 棕熊．百度百科 [DB/OL].[2019- 12-20]https://baike.baidu.com/item/%E6%A3%95%E7%86%8A/370530?fr=aladdin.

降趋势。在世界自然保护联盟（IUCN）的最新评估中，小熊猫的受胁等级已经由易危（VU）上调成了濒危（EN）[①]。

（四）趋同进化（convergent evolution）

不同的生物，甚至在进化上相距甚远的生物，如果生活在条件相同的环境中，在同样选择压力的作用下，有可能产生功能相同或十分相似的形态结构，以适应相同的条件。此种现象称为趋同进化。[②]

（徐瑞芳）

① 小熊猫 . 百度百科 [DB/OL].[2019-12-20]https://baike.baidu.com/item/%E5%B0%8F%E7%86%8A%E7%8C%AB/22379.
② 趋同进化 . 百度百科 [DB/OL].[2019-12-20]https://baike.baidu.com/item/%E8%B6%8B%E5%90%8C%E8%BF%9B%E5%8C%96/9375965?fr=aladdin.

抗寒大作战

一、方案陈述

（一）主题

揭秘北极霸主——北极熊的御寒法宝。

（二）科学主题

从北极熊特殊的毛、皮肤、脂肪、形体特征等几方面介绍北极熊抵御严寒的五大法宝。

（三）相关展品

动物世界展区、北极熊标本。

（四）传播目标

1. 激发科学兴趣。让观众从观察北极熊的标本开始，跟随科学老师的讲解，层层深入，由外至内、自上而下地揭秘北极熊的五大保暖法宝。

2. 理解科学知识。根据北极熊的五大保暖法宝，深度解释所涉及的相关科学知识和原理，帮助观众理解科学知识和原理。

3. 从事科学推理。通过教具演示、触摸体验、实验互动的过程中明白科学原理，并探索生活中的各种物理保暖方法。

4. 反思科学。反思如何能够节能减排，保护北极熊的生存环境。

5. 参与科学实践。让观众通过现场的学习、互动体验、任务卡等方法，在动物世界展区内进行其他动物御寒法宝的类比观察探索。

6. 发展科学认同。了解极地动物的御寒法宝，知道国际北极熊日，为进一步保护极地动物做出自己的努力和贡献。

（五）组织形式

1. 活动形式：现场讲解、演示、互动实验。

2. 活动观众：全年龄。

3. 活动时长：30 分钟左右 / 场。

（六）注意事项

1. 为了安全起见，实验用水温度不宜过高，能对比温度差即可。

2. 强光源不能对着小朋友的眼睛照射，照射时间也不需过长，能看出现象即可。

（七）学生手册

1. 认真听讲解，知道极地的环境和极地动物的特点。

2. 积极参与互动，了解极地霸主北极熊的御寒法宝。

3. 探索任务卡，在动物世界展区内进行其他动物御寒法宝的类比观察探索。

（八）材料清单

中空玻璃杯1只，普通杯子1只、北极熊皮毛样品1份、粗吸管1包、泡沫板若干、强光源、黑色油性笔1支、小口瓶1只、小碗1个、热水若干。

二、实施内容

（一）活动实施思路

对北极的环境概况和生活在那里的动物进行开场介绍，凭借吸睛的讲解，让观众聚拢。简单概述之后开始聚焦北极的霸主——北极熊，由外至内、自上而下地揭秘北极熊的五大保暖法宝，激发起观众学习和探究的兴趣，在过程中通过师生问答这种循序渐进的过程，让观众明白科学原理，离开场馆之后也可进一步探索生活中的各种物理保暖原理，以及反思如何能够节能减排，保护北极熊的生存环境，让观众在掌握科学知识的同时感受到学习的快乐，并且能够在日常生活中运用这些科学原理，更能意识到环境保护的重要性。

（二）运用的方法和路径

通过辅导员讲解，互动问答、触摸体验、教具演示、实验互动，引导观众观察、思考、讨论，并由辅导员进行总结。

（三）活动流程指南

活动导入

1. 结合动物世界的展览环境和北极熊标本进行开场讲解

带领大家参观动物世界北极区域，讲解生活在北极的一些动物的相关知识。向观众提出问题“北极动物如何能够适应如此寒冷的极地”，带着这一问题指引观众们重点观察与推测“北极熊的御寒策略”，由外至内、自上而下、层层揭开北极熊的各项保暖法宝：北

图1　上海科技馆动物世界展区内北极熊标本

极熊特殊的毛（中空、防水、针毛和绒毛叠加）；黑色的皮肤；特殊的身形；厚厚的脂肪。（图1）

活动中

●体验环节

2. 了解北极熊特殊的毛

以北极熊的皮毛标本为例，通过展示、触摸、实验对比，介绍针毛和绒毛的结构、特性和作用。（图 2）北极熊的毛是中空透明而且粗糙不平的，光线一旦照射就会被折射得非常凌乱，所以才会形成一种白色的错觉。北极熊这种独特的中空毛除了可以直接将紫外线传导到皮肤之外，还能起到很好的保温效果。

图 2　北极熊臀部的皮毛

外层长的是针毛——坚硬粗糙，里层短小密集的是绒毛——柔软保暖。

实验过程：

A. 中空的毛对保温的影响：将相同温度的水分别倒入中空双层玻璃杯和普通单层玻璃杯子内作对比，双手同时触摸体验。（图 3）

图 3　左边是双层玻璃的中空杯，右侧是单层玻璃杯

B. 防水效果的毛对保温的影响：使用两张人造皮毛做实验，将相同温度、相同质量的水倒入两个相同的玻璃杯中，其中一张人造皮毛包裹着玻璃杯，而另一张皮毛包裹着玻璃杯放入塑料袋中。记录下杯中热水的温度后，将它们同时放入冷水中，10 分钟以后取出，再次测量两个玻璃杯中的温度是否一样。

3. 亲眼看看神奇的吸热速度

从北极熊面部裸露的地方可以看到（图 4），北极熊身上的皮肤是黑色的，包括脚掌。通过互动实验对比可以知道，因为黑颜色任何光都不反射，全部吸收了，包括肉眼看不见的红外线，所以获得的热量最大，通过皮下血液输送到全身。

图 4　北极熊面部裸露的地方皮肤是黑色的

实验过程：拿出一块白色的泡沫板，用黑色白板笔将其一半涂黑，然后用强光源照射在泡沫板中间，观察实验结果。（图 5）

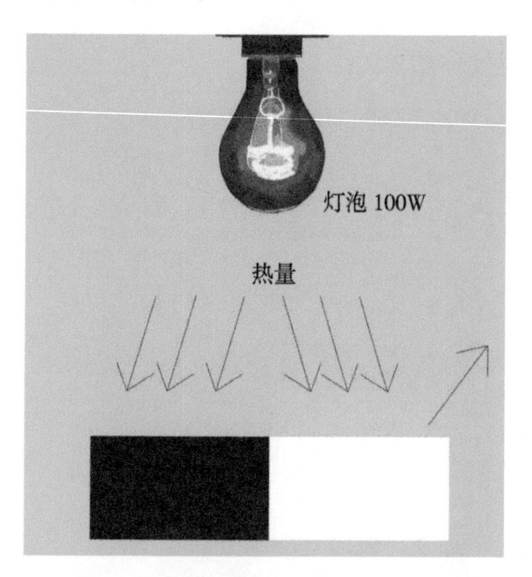

图 5　黑色和白色吸热对比示意图

4. 比比哪个冷得快

生活在北极的动物都有一个共同点——头小身体大（图 6）。为了抵御严寒，在长期的演化过程中，储藏热量的身体变得越来越大，而最容易散热的头部则演化得小巧精致，北极熊这种特殊的身形也是为了减少热量的散失。

图 6　北极熊特殊的身型——头小身体大

实验过程：通过一段时间的小口瓶与小碗的观察、触摸对比，可以测量记录一下前后水温差。（图 7）

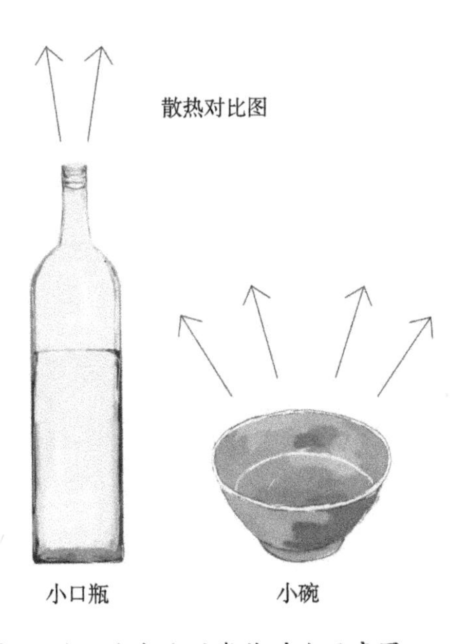

图 7　小口瓶与小碗散热对比示意图

●反思环节

北极熊一直引以为傲的保暖法宝由于现在全球气温的不断升高，变成了一种致命负担。北极的浮冰逐渐开始融化，无法支撑起它1吨多重的身躯，北极熊昔日的家园已遭到一定程度的破坏，猎物也越来越少，如今的北极熊一年到头大部分的时间都是饿着肚子的。每年的2月27日是国际北极熊日，我们可以为它们做些什么呢？

活动小结

北极熊身上中空防水的毛、黑色的皮肤、厚厚的脂肪、特殊的体形，这些都是它为了适应寒冷的极地生存环境而演化出的御寒法宝。

5. 任务卡

活动结束后，发放任务卡，可以让大家根据此次的活动内容，并结合展区展品完成探索任务。

（1）你还能在动物世界里发现其他动物的御寒法宝吗？

（2）学会举一反三，拓展分析，探索非洲区域的动物是如何抵御炎热气候的。

（3）我们能为节能减排、延缓全球气候变暖做些什么呢？冬天里除了长时间开空调之外，又有哪些更好的物理保暖方法呢？

三、活动拓展

（一）光的折射①

光从一种透明介质斜射入另一种透明介质时，由于光在两种不同的物质里传播速度不同，故在两种介质的交界处传播方向发生变化，这就是光的折射。由于北极熊的中空针毛内壁粗糙不平，所以光线被折射得非常凌乱，因此我们肉眼看上去才会形成一种白色的错觉。

（二）光的反射②

光在传播到不同物质时，在分界面上改变传播方向又返回到原来物质中的现象，中空的针毛可以将太阳里的光和热全部反射到下面黑色的皮肤。

（三）深浅颜色的吸热性不同③

各种颜色对光和热的吸收和反射有不同的情况，白色对光热的吸收最少，反射最强。它能将射在它上面的全部光热反射出去。黑色对光热的吸收最多，反射最少，它能将射在它上面的光热全部吸收进来。其他颜色，则各不相同，但是北极熊的中空针毛还能够吸收太阳里的紫外线和红外线的热量传导到皮肤。

① 光的折射 . 百度百科 [DB/OL].[2019-12-20]https://baike.baidu.com/item/%E5%85%89%E7%9A%84%E6%8A%98%E5%B0%84.

② 光的反射 . 百度百科 [DB/OL].[2019-12-20]https://baike.baidu.com/item/%E5%85%89%E7%9A%84%E5%8F%8D%E5%B0%84/905821.

③ 光的反射 . 百度百科 [DB/OL].[2019-12-20]https://baike.baidu.com/item/%E5%85%89%E7%9A%84%E5%8F%8D%E5%B0%84/905821.

（四）温室效应及造成的危害①

1. 什么是温室效应

宇宙中任何物体都辐射电磁波。物体温度越高，辐射的波长越短。太阳表面温度约6000℃，它发射的电磁波长很短，称为太阳短波辐射（其中包括从紫到红的可见光）。地面在接收太阳短波辐射而增温的同时，也时时刻刻向外辐射电磁波而冷却。地球发射的电磁波长因为温度较低而较长，称为地面长波辐射。短波辐射和长波辐射在经过地球大气时的遭遇是不同的：大气对太阳短波辐射几乎是透明的，却强烈吸收地面长波辐射。大气在吸收地面长波辐射的同时，它自己也向外辐射波长更长的长波辐射（因为大气的温度比地面更低）。其中向下到达地面的部分称为逆辐射。地面接收逆辐射后就会升温，或者说大气对地面起到了保温作用。这就是大气温室效应的原理。透射阳光的密闭空间由于与外界缺乏热交换而形成保温效应，太阳短波辐射可以透过大气射入地面，而地面增暖后放出的长波辐射却被大气中的二氧化碳等物质所吸收，从而产生大气变暖的效应。大气中的二氧化碳就像一层厚厚的玻璃，使地球变成了一个大暖房。

2. 温室效应带来的危害

（1）气候反常

近些年来天气变化非常大，最明显的就是气温的升高和厄尔尼诺现象的增加，高温带来了许多森林火灾的发生，也会直接加剧年度性的暴风雨。根据美国国家海洋和大气管理局（NOAA）的数据，2019 年 7 月是有记录的 140 年来最热的月份，气温比 20 世纪平均水平高了 0.95℃。随着全球变暖，气候异常带来的极端天气现象，如暖冬、大雾、暴雨等频发，不过温室效应并不意味着温度一直在升高，有些地方则表现为夏天越来越热，冬天越来越冷。

与此同时，2019 年的全球碳排放量也创下历史新高。最近，国际组织“全球碳计划”（Global Carbon Project）估计，2019 年的全球碳排放量约为 431 亿吨。虽然上涨幅度有所减少，但这仍然是史上最高的排放量。

（2）土地干旱

地球温度升高，会使地球上的水分加速蒸发到大气层中，地面变得干旱，植被退化，进而导致土地沙漠化。自然地理条件和气候变异为荒漠化形成、发展创造了条件，但其过程缓慢，人类活动则激发和加速了荒漠化的进程，成为荒漠化的主要原因。异常的气候条件，特别是严重的干旱条件，容易造成植被退化，风蚀加快，引起荒漠化。干旱的气候条件在很大程度上决定了当地生态环境的脆弱性，因而干旱本身就包含着荒漠化的潜在威胁；气候异常可以使脆弱的生态环境失衡，是导致荒漠化的主要自然因素。当气候变干时，荒漠化就发展；气候变湿润时，荒漠化就逆转。

（3）海平面上升

海平面上升是由全球气候变暖、极地冰川融化、上层海水变热膨胀等原因引起的全球

① 温室效应（地理区域）. 百度百科 [DB/OL].[2019-12-20]https://baike.baidu.com/item/%E6%B8%A9%E5%AE%A4%E6%95%88%E5%BA%94/138447.

性海平面上升现象。研究表明，近百年来全球海平面已上升了10～20厘米，并且未来还要加速上升。海平面上升对沿海地区社会经济、自然环境及生态系统等有着重大影响。首先，海平面的上升可淹没一些低洼的沿海地区，加强了的海洋动力因素向海滩推进，侵蚀海岸，从而变“桑田”为“沧海”；其次，海平面的上升会使风暴潮强度加剧，频次增多，不仅危及沿海地区人民生命、财产安全，而且还会使土地盐碱化。海平面随时都在上升，海水内侵，造成农业减产，生态环境破坏。

（4）动物失去栖息地

气候是决定生物群落分布的主要因素，气候变化能改变一个地区不同物种的适应性和生态系统内部不同种群的竞争力。自然界的动植物，尤其是植物群落，可能因无法适应全球变暖的速度而做适应性转移，从而惨遭厄运。以往的气候变化（如冰期）曾使许多物种消失，未来的气候将使一些地区的某些物种消失。北极熊是对气候变化非常敏感的极地哺乳动物，因为它们以海冰作为栖息地，而且北极熊饮食非常挑剔，主要以海豹为食，这也意味着它们将面临更多的麻烦。

（5）地球上的病虫害增加

人类健康取决于良好的生态环境，全球变暖将成为影响22世纪人类健康的一个重要因素。极端高温将成为22世纪人类健康困扰变得更加频繁、更加普遍，主要体现为发病率和死亡率增加，尤其是疟疾、淋巴腺丝虫病、血吸虫病、钩虫等。

3. 如何减少温室气体的排放

大气中每种气体并不是都能强烈吸收地面长波辐射。地球大气中起温室作用的气体称为温室气体，主要有二氧化碳、甲烷、臭氧、一氧化二氮、氟利昂以及水汽等。它们几乎吸收地面发出的所有的长波辐射，其中只有一个很窄的区段吸收很少，因此称为“窗区”。地球主要正是通过这个窗区把从太阳获得的热量中的70%又以长波辐射形式返还宇宙空间，从而维持地面温度不变，温室效应主要是因为人类活动增加了温室气体的数量和品种，使这个70%的数值下降，留下的余热使地球变暖的。

（1）减少甲烷的排放

甲烷是仅次于二氧化碳的重要温室气体。它在大气中的浓度虽比二氧化碳小得多，但增长率则大得多。甲烷也称沼气，是缺氧条件下有机物腐烂时产生的。因此农业、畜牧业需实行有机堆肥管理；避免燃烧农作废弃物；废水场厌氧处理、沼气处理。

（2）减少二氧化碳的排放

二氧化碳是造成温室效应的最直接原因，因此要减少二氧化碳的排放，做到能源替代：以天然气替代其他燃料；采用高效率或节电设备；引进再生能源（风能、太阳能等）；增进资源物回收废弃物再利用；节约用水、废水减量及降低废水处理负荷；废弃物减量，以降低废弃物焚化、掩埋或其他物理化学处理程序之负荷；节约用电：照明、空调温度适宜，切勿过度，建筑物设计自然采光和防晒；多开发、改进环保产品。

（3）减少氧化亚氮的排放

有机堆肥管理，及其臭气的妥善处理或回收能源；避免燃烧农作废弃物或以焚烧大区

域农作地作为农耕 / 开发方式；提高相关化学品反应主产品生成率；相关化学品化学反应后端设置 De-NOx 设施；焚化炉（特别是生物污泥焚化炉）设置 De-NOx 设施；生活污水妥善处理。

（4）减少其他温室气体的排放

空调、灭火系统之相关管道避免泄漏；用于清洗溶剂时，配合其他清洗程序及清洗设施改善，提升清洗效率，降低清洗溶剂用量；清洗溶剂回收系统改善，提升回收量、降低溶剂散失量；发泡产品制造程序切实做好废气收集及处理。我们每个人可以通过少开汽车、少开空调、节约能源、植树造林等方式，延缓温室效应的扩大，为保护北极和北极动物尽一份力！

（王益熙）

生物生存的信念——进化

一、 方案陈述

（一）主题

生物适应性探究。

（二）科学主题

生物的协同进化及辐射适应产生的原因是什么？我们生活中有哪些生物适应的例子？我们是否可以利用该法则提升生态呢？

（三）相关展品

动物世界标本。

（四）传播目标

1. 激发科学兴趣。由热映的恐龙主题电影切入，以高仿真恐龙模型进行简单互动，讲述恐龙这类爬行动物为了更好的生存下去，开始向不同环境迁移，引入辐射适应的概念，从而激发观众的学习兴趣。

2. 理解科学知识。通过深挖不同生物之间合作进化的现象及原理，以举例的方式讲述赫姆斯利猪笼草与哈氏多毛蝙蝠，蚂蚁与灰蝶，种子与蚂蚁之间的关系，帮助观众理解“协同进化”的相关科学知识。

3. 从事科学推理。引导观众思考，以背景知识为基础，面对一系列动物模型，探讨它们为适应环境做出了哪些改变，在互动交流的过程中从事科学推理，指出其特征属于协同进化还是辐射适应。

4. 反思科学。讨论协同进化及辐射适应的利与弊，以及如何利用该法则优化生态。

5. 参与科学实践。通过任务卡，让观众通过之前的介绍、互动，寻找展厅内的协同进化辐射适应，完成展厅内任务及拓展任务，达到参与实践的目的。

（五）组织形式

1. 活动形式：演示加互动。
2. 活动观众：全年龄。
3. 活动时长：30 分钟左右 / 场。

（六）注意事项

现场活动中，注意小观众在参与过程中的安全，不要被模型突出的地方碰到眼睛。

（七）学生手册

1. 认真听讲解，积极参与互动，了解生物如何适应环境。

2. 仔细观看老师演示及解说，并主动思考，理解辐射适应及协同进化的概念。
3. 在理解概念后，根据探索任务卡，在展区进行深度展品观察，解释其他适应性的例子。

（八）材料清单

磁性软白板贴、KT 板、磁铁、翻模鹿头、恐龙模型、动物模型、图片若干。

二、实施内容

（一）活动实施思路

凭借有趣、仿真度高的动物模型，让观众驻足观看，过程中通过互动，情景演示，让观众在掌握科学知识的同时感受学习的快乐。并由一个个串联起来小故事说起，激发观众兴趣，从而介绍协同进化的含义。并通过数个逼真的翻模鹿头，让观众近距离感受辐射适应的结果。引导观众思考，生物进化对生态的影响。

（二）运用的方法和路径

通过辅导员讲解，互动实验演示，引导观众观察、思考、讨论，并由辅导员进行总结。

（三）活动流程指南

活动导入

1. 为什么会有不同种类的恐龙呢？它们会不会拥有同样的祖先呢？

在电影《侏罗纪世界 2》中，恐龙们被放养的孤岛面临火山喷发的绝境，政府坐视不理，曾经在侏罗纪公园工作的男主和女主受到委托，为拯救濒临灭绝的恐龙登上了恐龙岛，并

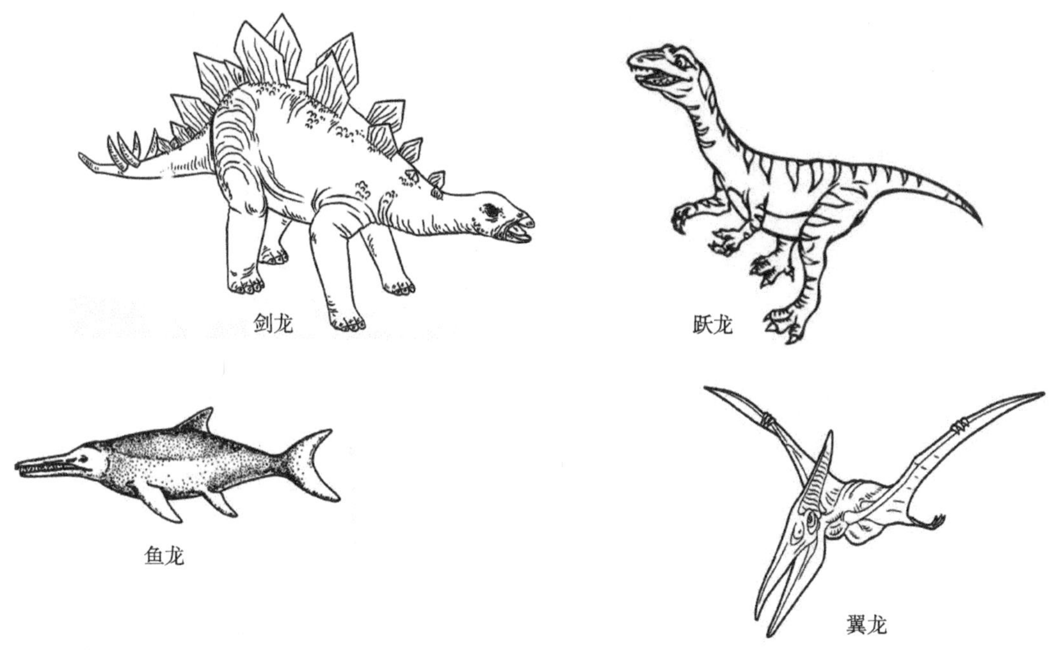

图 1　恐龙向不同环境迁移，形成海中游泳的鱼龙、陆上食草的剑龙、陆上食肉的跃龙、空中飞翔的翼龙

在火山喷发和恐龙来击之下，顺利逃出生天并登上了离开的船，而除了被救的恐龙外，其余恐龙则被遮天盖地的岩浆喷涌杀死，看着一只长颈龙孤立无援地站在码头，最终被吞没。

而真正的历史中，约在 2.5 亿～3 亿年前，爬行动物中生代初向各个生活领域辐射。

准备的物品包括：恐龙模型、kt 板、白磁贴、背景图。运用移动模型展示画面的变化，简单互动，让观众移动模型。为了更好地活下去，恐龙这类爬行动物开始向不同的环境迁移。它们分化成了多个在形态、生理和行为上各不相同的种类：海中游泳的鱼龙、陆上食草的剑龙、陆上食肉的跃龙、空中飞翔的翼龙。（图 1）

活动中

●体验环节

2. 引导观众思考，自然界中有哪些协同进化的现象呢？

通过动植物之间，动物和动物之间互惠互利进化的例子引入“协同进化”这个概念。

情景 1：

在自然界中，植物和动物相互配合，握手结盟的现象随处可见，而为了得到“合作伙伴”的垂青，植物也是想尽了办法。色彩鲜艳的花朵、独特的气味，都是它们吸引动物搭档的招牌。

文莱的赫姆斯利猪笼草与哈氏多毛蝙蝠之间有更为独特的合作方式，猪笼草拥有特殊的构造来反射声波，达到吸引蝙蝠到它这里便便的目的，猪笼草则从蝙蝠的粪便中获得养分。有的猪笼草为达到相似的目的会分泌能引起下泄的液体引诱动物服食。

猪笼草的笼子样式细细长长，同时消化系统分泌的液体量较少。哈氏多毛蝙蝠体形娇小，猪笼草对它们而言则是最理想不过的厕所兼卧室了：又不会有寄生虫、日晒雨淋的烦恼，给它们足够的空间来上厕所、睡觉，也不用担心沦为猪笼草的猎物。（图 2）

同时，猪笼草也很欢迎这些客人。猪笼草的生存环境相对较弱，因此，蝙蝠粪便对它

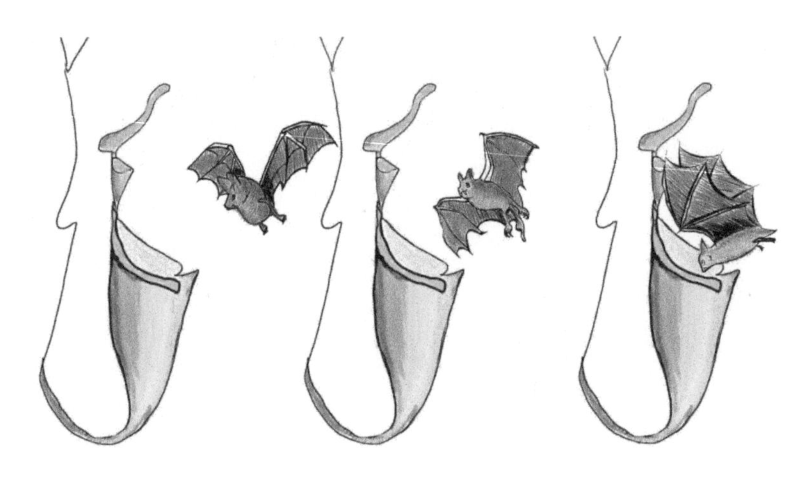

图 2　飞入赫姆斯利猪笼草的哈氏多毛蝙蝠

们来说就相当珍贵了。据研究数据显示，猪笼草叶片中的氮元素大约有 34% 都来自前来上厕所的蝙蝠。

虽然该厕所独具优势，但要在茂密的森林植被中找到它们可不是易事，这给哈氏多毛蝙蝠的寻厕之路平添了许多障碍。但凭借特殊的声波反射结构，赫姆斯利猪笼草就能在繁茂的植被中显露出来。

图 3 中红色的部分就是猪笼草的“回声反射结构”。经检测，与普通的莱福士猪笼草不同，这一结构能产生出强弱交替组合的特殊回声信号，足以吸引蝙蝠的注意。（图 3）

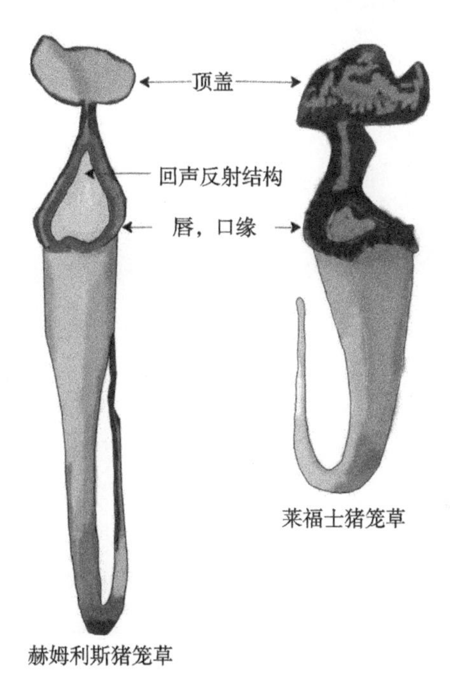

图 3 猪笼草的“回声反射结构”

情景 2：

蚂蚁—灰蝶

许多不同种类的蚂蚁都会有保护灰蝶宝宝的行为，其目的在于避免其落入捕食者和寄生虫的魔爪下。而灰蝶宝宝会以提供甜甜的花蜜作为报答，花蜜的唯一作用就是吸引蚂蚁。它们会根据蚂蚁的数量调整供应的花蜜多少，如果蚂蚁数量很少，就会制造出更多花蜜，尽可能多地招揽蚂蚁；如果已经有很多蚂蚁在周围了，就会适当减少产量。当然，要是灰蝶幼虫不提供花蜜，就会被蚂蚁吃掉。蚂蚁也是很现实啊。（图 4）

图 4 灰蝶与蚂蚁

情景 3：

雨林里有着各式各样的果子，实际上果实和种子都没有什么特殊气味，但朴素的种子们仍旧会遇到类似啮齿类动物和蚂蚁这些“善良”的传播者。众所周知，松鼠和花鼠在秋天有贮藏食物的习性，每当果实成熟的时候，经常可以看到它们嘴里含着胡桃、橡实或其他好吃的东西跳来跳去，或是将蘑菇挂到树上晒干，那是为过冬做准备工作。在热带地区，这类动物也会有相似的习性，虽没有明显的季节之分，但是也会经历食物稀缺的时候。于是，它们便在食物丰富的时候把种子埋到地下以备不时之需。而这些种子也很机智，趁此机会，一旦周围温度、湿度等环境适宜，则会很快生根发芽，于是，等这些小东西再来寻找它们埋藏的“口粮”时，部分种子早就变成几尺高的小苗了。此外，还有一类树栖的蚂蚁也钟爱种子，这些蚂蚁的巢是怎么筑成的呢？蚂蚁们用泥巴贴在树干的凹陷处就形成了它们的巢。它们辛辛苦苦把种子搬到巢穴中，种子便神不知鬼不觉地快速萌芽了。日久天长，蚁穴周围就长出了一株株的植物，光秃秃的蚁穴也摇身一变，变得生机勃勃。

3. 引导观众做好观察、验证辐射适应现象。提问，生物与大自然之间存在选择和适应的过程，通过自我调整来更好地适应，大家能够想到一些生物适应环境的例子吗？

准备的物品包括：3 个翻模示例（麋鹿头、马鹿头、驯鹿头）。（图 5、图 6、图 7）

图 5　麋鹿头模型

图 6　马鹿头模型

图 7　驯鹿头模型

观测 3 个模型的鹿角与鼻镜。

鹿科辐射到各地生活，环境不同，进化出不同的生理特征。

鹿科动物在吻端有一块黑色裸区，称为鼻镜。鼻镜的大小与鹿生活区的气候条件有关。可以帮助动物调节自身体温，上面聚集有皮肤腺。寒冷地区的鹿种，无鼻镜，如驯鹿，或鼻镜极小；温暖地区的鹿类，如麋鹿，其鼻镜都扩大到鼻孔周围。

驯鹿：寒冷地区；公母都长角，头上的角分枝繁复，头顶正上方有角，可以拨开积雪露出被覆盖的食物。为了适应于北极这样的严寒条件，驯鹿长着中空的鹿毛，可以储存空气来保温。鹿毛还可以增加浮力，因此驯鹿是能游泳的。

麋鹿：生活在温暖湿润的地方，头上的角指向后方，不容易缠到树枝。

马鹿：仅次于驼鹿的大型鹿类，因体形似骏马而得名。一般雄性有角，分为六叉。从基部生出眉叉，斜向前伸，喜灌木和草地，主要生活在高山森林或草原地区，角指向前方。

鹿的生存环境影响着它们的形态特征，导致它们鼻镜大小的不同：驯鹿的鼻镜 < 马鹿的鼻镜 < 麋鹿的鼻镜。

推动体验高潮：观众在现有的动植物模型中挑选认为存在协同进化或辐射适应的模型，并试着描绘它们之间的关系。

总结：关键词——进化、适应。

● 探索环节

通过 3 种鹿头的模型，观众产生了好奇，具备了探索的冲动，此时可以提出问题：能描述一下什么是适应辐射吗？

●发现环节

适应辐射是同一个起源生物类群演化成多种不同类型的后代，以适应不同环境的现象。[①]比如古代一种五趾的短腿哺乳动物，由于适应不同环境演化成现今各种哺乳动物：鹿和羚羊适应在陆地上奔跑，灵长类适应在树上生活，鼯鼠能滑翔，蝙蝠能飞。同一目、科，甚至同一种属生物中，也由于适应不同环境而产生适应辐射，如生活在寒带的驯鹿，生活在温暖地区的麋鹿，生活在北美草原地区的马鹿。

●反思环节

4. 协同进化的意义

（1）促进生物多样性的增加

有关基因在分子水平上的协同进化促进了遗传隔离并导致物种分化。例如，很多植食性昆虫和寄主植物的协同进化促进了昆虫多样性的增加。

（2）促进物种的共同适应

这方面体现在许多互惠互利的例子中，例如蚂蚁与蚜虫，蚜虫为得到蚂蚁的保护，提供蜜露给蚂蚁。

（3）维持生物群落的稳定性

物种与物种间的协同进化促进了生物群落的稳定性。此外，如寄生关系、猎食关系的形成，这些非互惠共生的协同进化关系都维持了生态的稳定。这证明了大自然具有自我调节规律，正是这种多样性和协同进化造就了生物圈的万千变化，维系了生物圈的持续稳定的演化发展。各种生物之间是相互联系，互相依存的。而生物与生物、生物与环境间又是互惠互利并相互制约的。

活动小结

5. 任务卡

活动结束后，发放任务卡，可以让大家根据此次的活动内容，并结合展区展品完成任务卡。

（1）寻找以下场景，观察动物世界展区内的标本，如亚欧地区的雪豹、非洲地区的猎豹以及花豹，思考它们分别以什么样的形式进行辐射适应的。在自主探索的过程中，观众可以在图上圈出豹子进行辐射适应的身体部分，完成观察的任务。

根据列车活动中所讲解的辐射适应特点进行观察、思考。例如雪豹为适应周围被积雪覆盖的环境，毛皮颜色是灰白色的，而猎豹、花豹为适应周围环境更好的隐藏自己也有特有的花纹。也可以列举其他，如雪豹为在山上跳跃时保持平衡，尾巴很长；猎豹为了在极速奔跑过程中不滑倒，爪子无法缩进去，是一直伸在外面的；等等。

① 辐射适应 . 百度百科 [DB/OL].[2019-12-24]https://baike.baidu.com/item/%E9%80%82%E5%BA%94%E8%BE%90%E5%B0%84/7380713?fr=aladdin.

图 8　花豹与狒狒对峙中

图 9　亚欧的雪豹正伺机而动

图 10　非洲猎豹追逐跳羚

（2）寻找展区内的协同进化及辐射适应。

根据列车解说中举的例子，结合协同进化及辐射适应的概念，以下图片各属于什么类别呢？

图 11　老虎捕捉狍子

图 12　白犀与牛背鹭

图 13　长颈鹿

图 14　海象

图 15　北极熊与北极狐

图 16　斑鬣狗、黑背胡狼等食腐动物

（3）在周末游览动物园或萌宠乐园的时候，您能否结合所理解的概念，思考面前的动物身上的某些特征是否与周围环境有联系呢？哪些动物是会相互影响的呢？（形式：课外拓展）

三、活动拓展

（一）适应辐射

分歧趋异：为适应不同的生态条件或地理条件而发生种的分化，由一个种分化成 2 个或 2 个以上的种。如果是多方向的趋异，称作适应辐射。①

适应辐射常发生在开拓新的生活环境时。当一个物种在进入一个新的自然环境之后，由于新的生活环境提供了多种多样可供生存的条件，于是种群向多个方向进入，分别适应不同的生态条件，有的上山，有的入水，有的住到阴湿之处，有的进入无光照的地下等。在不同环境条件选择之下，它们终于发展成各不相同的新物种。

生物进化史上曾发生过多次适应辐射。脊椎动物由水进入陆地后（约在 3.5 亿—4.0 亿年前），开始了脊椎动物的一次大的适应辐射。但是陆地上没有大的与之竞争的动物，选择压低，登陆的脊椎动物纷纷占领了各自的栖息地而大发展。后来又出现了一次爬行类的适应辐射（约在 2.5 亿—3.0 亿年前），出现了恐龙、翼龙等多种大的爬行动物。哺乳类也

① 趋异 . 百度百科 [DB/OL].[2019-12-24]https://baike.baidu.com/item/%E8%B6%8B%E5%BC%82/5889617.

发生过 3 次适应辐射。最后一次发生在新生代（约在 0.6 亿—0.7 亿年前），从原始的食虫类分化出包括灵长类在内的胎盘哺乳类。

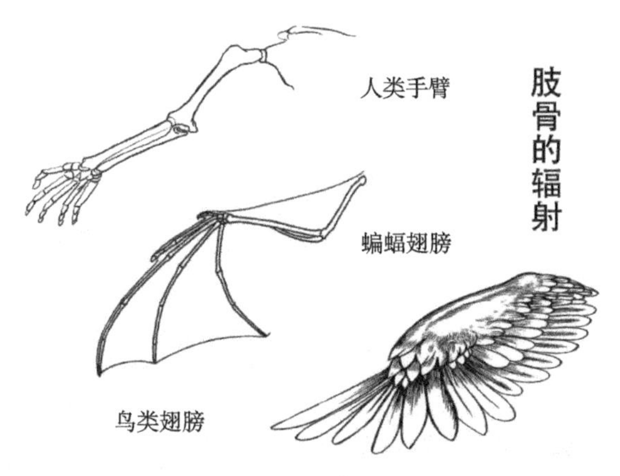

图 17　肢骨的辐射（含人类手臂、蝙蝠翅膀、鸟类翅膀）

（二）协同进化

协同进化：两个相互作用的物种在进化过程中发展的相互适应的共同进化。一个物种由于另一物种影响而发生遗传进化的进化类型。①

意义：促进物种的共同适应［该方面主要体现在众多互惠共生实例中，比如传粉昆虫与植物的关系（昆虫获得食物，而植物获得交配的机会），蚜虫与蚂蚁的关系（蚜虫获得蚂蚁的保护，蚂蚁获得食物——蚜虫的蜜露），昆虫和内共生菌的关系（两者相互获得生活必需的特殊的营养物质）］；维持生物群落的稳定性（众多物种与物种间的协同进化关系促进了生物群落的稳定性。另外，众多并不是互惠共生的协同进化关系，比如寄生关系、猎物－捕食关系的形成等，都维持了生态系统的稳定性）；促进生物多样性的增加（很多植食性昆虫和寄主植物的协同进化促进了昆虫多样性的增加）。

（杨晓华）

① 协同进化 . 百度百科 [DB/OL].[2019-12-24]https://baike.baidu.com/item/%E5%8D%8F%E5%90%8C%E8%BF%9B%E5%8C%96.

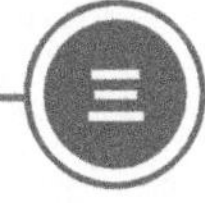

奇幻物理篇

QI HUAN WU LI PIAN

推倒我

一、方案陈述

（一）主题

重心。

（二）科学主题

重心与物体平衡的关系。

（三）相关展品

高空骑车。

（四）传播目标

1. 激发科学兴趣。引导观众观察现场“高空骑车”展品演示，了解重心的含义；体验展区内的高空骑车，对随遇平衡有切身的认识。

2. 理解科学知识。让观众指出演示体系的重心位置，解释演示体系保持或不能保持平衡的原因。

3. 从事科学推理。让观众能够用不同方法寻找不同形状物体的重心。

4. 反思科学。让观众联想小时候的不倒翁，通过前面重心的学习，讨论“不倒”的原因。

5. 参与科学实践。通过现场体验“高空骑车”和互动——平衡可乐罐、搭建平衡钉组，达到让观众参与实践的目的。

6. 发展科学认同。通过介绍日常生活中运用重心的运动和现象，帮助观众建立起对科学的认同感。

（五）组织形式

1. 活动形式：演示加互动实验。

2. 活动观众：全年龄。

3. 活动时长：20 分钟左右 / 场。

（六）注意事项

1. 演示可乐罐平衡时保持台面有足够空间，提醒观众不要把手放到台面，以免碰到易拉罐导致罐内水溢出台面。

2. 观察平衡演示时不要拥挤，保持一个平稳的演示现场环境。

（七）学生手册

1. 认真听讲解，积极参与互动，了解重心与平衡的关系。

2. 寻找不同物体的重心位置，掌握一定的科学方法。

3. 根据探索任务卡，在展区进行深入体验，并自行制作简易平衡体系。

（八）材料清单

1. 不倒翁1个。
2. 易拉罐1个。
3. 不同形状卡纸、不规则形状纸板。
4. 塑封纸（记录各平衡体系重心位置用来解释说明）。
5. 木棍1个。
6. 平衡钉组（钉子若干，木头底座1个）。
7. 牙签若干。

二、实施内容

（一）活动实施思路

观察“高空骑车”的展品演示，激发观众兴趣，进而向观众讲解背后的原理是重心，以及重心是什么，怎么寻找重心。引导观众联想到小时候玩的不倒翁，并运用重心的原理进行解释，之后实际操作利用重心平衡可乐罐和平衡钉组，最后联系生活，很多运动都会运用到重心，引导观众对科学产生兴趣、培养对科学的认同感。

（二）运用的方法和路径

通过辅导员讲解，利用观众的生活经验和体验来理解，化抽象为具体，并运用道具实验等方式组织观众参与活动，逐步引导观众观察、互动、谈论及反思。

（三）活动流程指南

活动导入

1. 观察“高空骑车”项目，这么骑车真的安全吗？

你是否对电视里的“平衡杂技”赞叹不已？其实你也可以“安全地”尝试，在上海科技馆一楼的“智慧之光”展区有个互动展项“高空骑车”，在这里你不需要有超群的平衡力，就能做到像在平地骑车一样稳稳当当地骑过去、骑回来，就像杂技演员一样。

这是怎么做到的呢？注意观察，在自行车下方悬挂着一个重锤（图1）。

图1　高空骑车展品示意图

让观众体验高空骑车（图2），结束后指出系统的重心位置。将游客、自行车、重锤视为一个整体，这个体系的重心其实在钢丝和重锤之间，也是一个虚拟的点，重心也很低，所以是一个稳定的平衡系统。因此观众可以大胆尝试，当骑行过程中发生偏移，重锤就会产生一种趋向原始平衡位置的回复力，就像不倒翁，使整个系统保持稳定平衡的状态。

图 2　高空骑车展品

活动中

2. 重心是什么？

重心是在重力场中，物体处于任何方位时所有各组成支点的重力的合力都通过的那一点。也就是说，对于整个物体，重力作用的表现就好像它作用在某一个点上，这个点叫作物体的重心。

规则而密度均匀物体的重心就是它的几何中心。而不规则物体的重心，可以用悬挂法来确定。

最重要的是——物体的重心，不一定在物体上。就像前面提到的“高空骑车”项目。

3. 寻找重心的方法

（1）规则形状物体

当一个物体是规则形状物体（例如三角形、四边形）且质量均匀时，该物体的重心位于其几何中心，这时我们就很容易判断其重心的位置。

比如，三角形的重心位于中线交点，长方形重心位于对角线交点（图 3）。

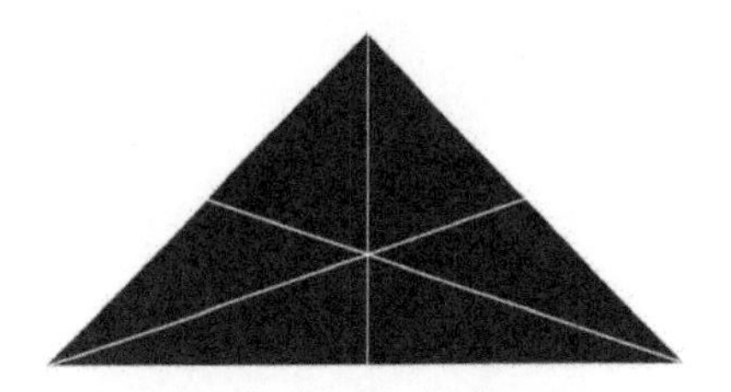

图 3　三角形和长方形的重心示意图

（2）不规则形状物体

① 二次悬挂法（图 4）

A. 用细线连接物体的某一点，悬挂物体，沿着细线在物体上确定一条直线。

B. 用细线连接物体的另一点，悬挂物体，沿着细线在物体上确定另一条直线。

C. 确定两条直线的交点，即重心。

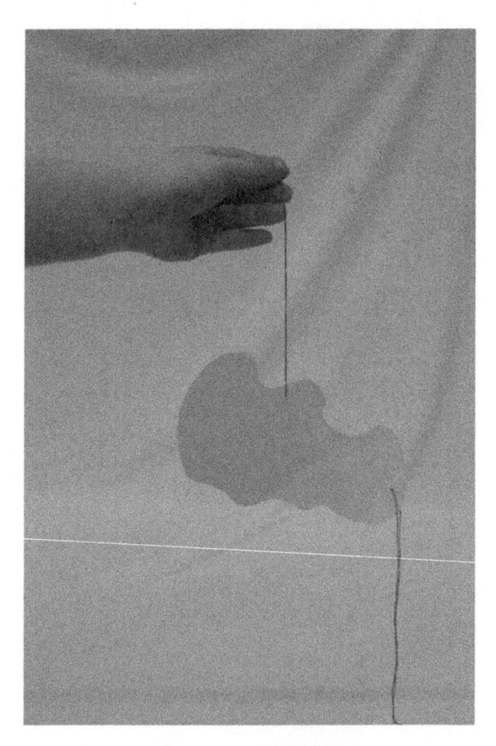

图 4　二次悬挂法

② 支撑法

A. 用一个支点支撑物体，不断变化位置，越稳定的位置，越接近重心（图 5）。

B. 一种可能的变通方式是用 2 个支点支撑，然后施加较小的力使 2 个支点靠近，如此可以找到重心的近似位置（图 6）。

图 5　支撑法寻找重心示意图 a

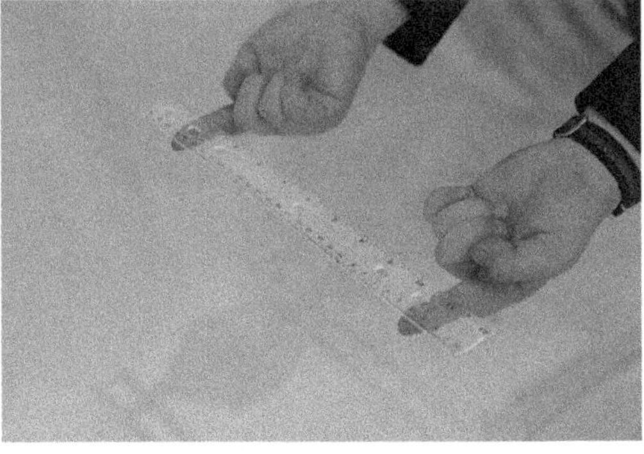

图 6　支撑法寻找重心示意图 b

●反思环节

4. 推不倒我的秘密

“推不倒”的不倒翁是儿时的玩具，在玩的时候你可曾想过，不倒翁怎么做到“不倒”的呢?

其实，不倒翁的不倒秘诀在于两个字——重心。对于上轻下重的不倒翁式物体而言，它们的重心是非常低的（图 7）。

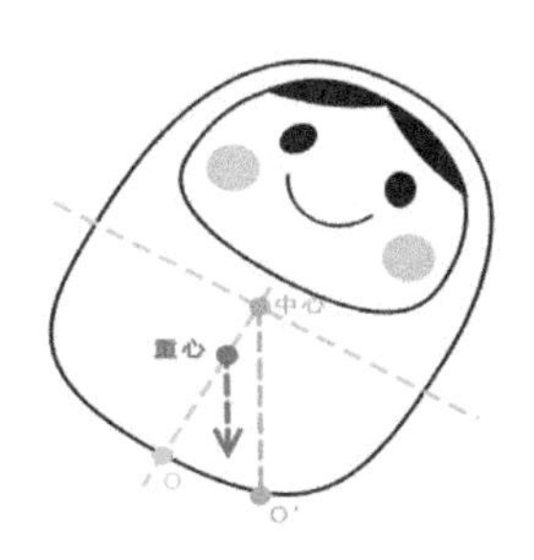

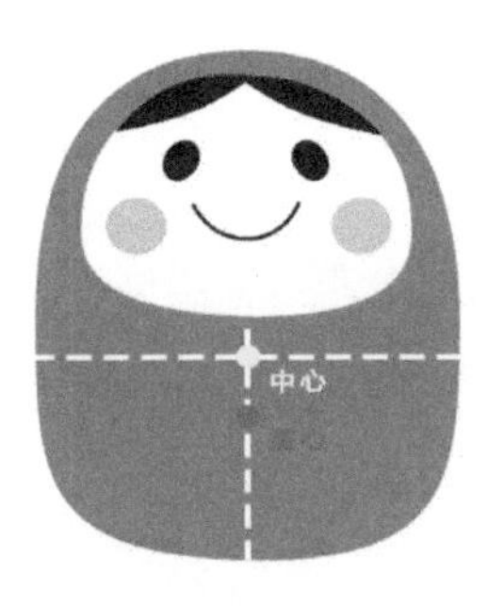

图 7　不倒翁的重心示意图

一方面因为它上轻下重，底部有一个较重的铁块，所以重心很低；另一方面，不倒翁的底面大而圆滑，当它向一边倾斜时，它的重心和桌面的接触点不在同一直线上，在重力的作用下，会有回复力驱使不倒翁回到平衡位置，直到停止左右摆动。现在，尝试一下，当你站立和扎马步时，当别人推你时，到底是哪个姿势更稳定呢?

●体验环节

5. 重心挑战赛——平衡可乐罐

第一步，尝试将空的易拉罐斜着立在桌面上，发现怎么都立不住。

第二步，向易拉罐里倒入约 1/3 的水。

第三步，再次尝试把易拉罐斜着立在桌子上，这次易拉罐就很轻松地站立在桌面上了，即使去碰它也不会倒（图 8）。

图 8　平衡可乐罐示意图

实验原理：

物体保持平衡的关键是重心。易拉罐空着的时候，重心比较高，很难保持平衡，倒入 1/3 的水后，易拉罐的重心就转移到了下面，就能很轻易地斜着站在桌子上了。生活中溜冰，以及滑雪的运动员把腰和膝盖弯得很低也是这个原因。

6. 重心挑战赛——平衡钉组

如果只给你提供木板、十几颗钉子、锤子，你可以做到只在木板上钉一次就把它们全部组合在一起吗（图 9）？

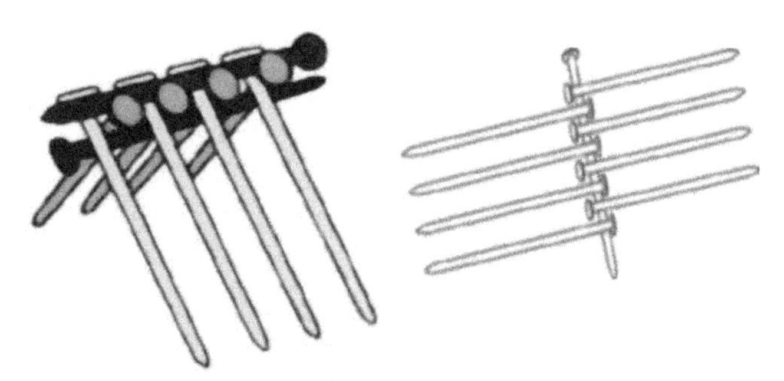

图 9　平衡钉组示意图

图 10　平衡钉组实拍图

实验原理：

首先将这组钉子按照互相交叉、互相锁定的方式排列，然后就会发现在重力和摩擦力的作用下居然不“散架”，反而能形成一个“结构”（图10）。这是由于物体重心越低、支撑面越大，所以平衡就越稳定。实验中这组钉子共同的重心、竖直钉子的顶帽、整体的重心三者在一条直线上，因此能保持平衡。当用手提起这组钉子时，在重力作用下，整体重心已经降到最低处，位于支撑点——钉帽之下，因此能达到稳定平衡。

● 启发环节

7. 无处不在的重心

赛车重心低，跳高用背越式更好，落地扇的地盘用金属座等。

在各项运动中，也会有重心的变化，比如打高尔夫球、打乒乓球，还有打太极拳。

（1）打高尔夫球

图 11　打高尔夫球

重心转移，可以说是整个高尔夫挥杆中必不可少的一个环节，也是每一位高尔夫爱好者的必修课（图11）。

（2）打乒乓球

图 12　打乒乓球

乒乓球的重心交换指的是在乒乓球运动中从一侧的受力支撑转移到另一侧的过程。简单地说就是重心从一个支撑脚转换到另一个支撑脚的过程，可以是左右也可以是前后（图 12）。

（3）打太极拳

图 13　打太极拳

在拳道训练中，人要进行各种姿势变换，做出各种动作，以求适应拳道的各种姿势的变化，从而引起人的重心的变化。所以只有重心变化，才能引起各种动作姿势的变化（图 13）。

活动小结

通过阐释展品背后的原理，帮助观众了解重心，知道哪里用到了重心，以及利用重心达到目的，最后联系生活实际具体运用重心。

8. 任务卡

活动结束后，发放任务卡，可以让大家根据此次的活动内容，并结合展区展品完成任务卡；在展区进行深入体验，并自行制作简易平衡体系。

（1）实地体验“高空骑车”项目，看看有“重锤”的加持下在钢丝上骑车是否和平地一样安全。

（2）聊一聊还有哪些地方运用到了重心。

三、活动拓展

DIY 剪纸制作平衡小鸟

首先把整个体系，做一个力学的抽象（图 14）。回形针和牙签的接触点就是结构的支点，两端的翅膀对称，质量分布均匀，此时整个结构的重心就在支点的下方，它并不在纸上而是一个虚拟的点。现在把整个结构想象成一个挂在虚拟绳子上的重心单摆。就是以单摆的规律在保持平衡，当重心位置改变时，重力就通过约束重心的虚拟绳子把重心拉回原来的位置上（图 15）。

图 14　DIY 平衡小鸟

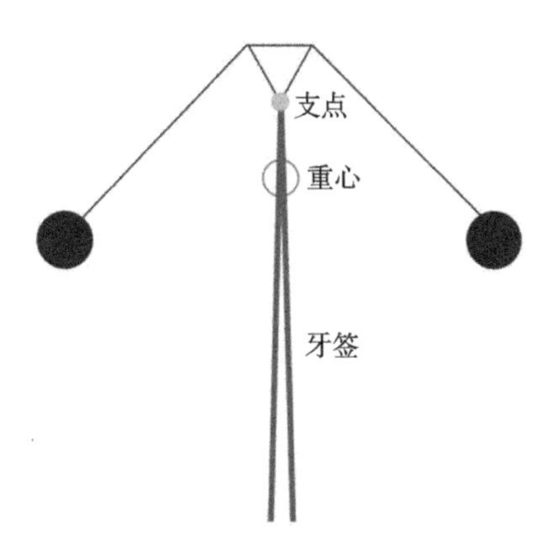

图 15　平衡小鸟的原理

（李今）

穿墙而过

一、方案陈述

（一）主题

穿墙而过。

（二）科学主题

通过互动实验了解光的偏振现象，学习如何利光的偏振现象方便生活，减少光危害。

（三）相关展品

穿墙而过。

（四）传播目标

1. 激发科学兴趣。通过参与体验“穿墙而过”展品互动，激发观众对偏振现象的好奇，了解偏振现象及利用。

2. 理解科学知识。通过互动实验，让观众了解光的偏振现象及其利用。

3. 从事科学推理。引导观众思考，为什么小球能够“穿墙而过”，展品中的“墙”是真的吗，是怎样形成的呢？

4. 反思科学。引导观众了解光的偏振现象，利用光的偏振现象解决生活中遇到的光危害。

5. 参与科学实践。通过任务卡，让观众通过之前的互动学习，了解更多的偏振现象及利用。

（五）组织形式

1. 活动形式：演示加互动实验。

2. 活动观众：全年龄。

3. 活动时长：30 分钟左右 / 场。

（六）注意事项

参与展品互动体验的过程中，请观众从展品正面观看，正面观看效果更佳。

（七）学生手册

1. 认真听讲解，积极参与互动，了解偏振现象的原因，以及在日常生活中的利用。

2. 积极参加讨论，认真思考、总结。

3. 根据探索任务卡，在展区进行深度展品观察。

（八）材料清单

“穿墙而过”展品、1 张硬纸板、1 根橡皮筋、2 块偏振片。

二、实施内容

（一）活动实施思路

从“穿墙而过”展品演示的现象说起，激发观众兴趣。通过一系列的实验，让观众了解偏振现象。引导观众思考，如何利用偏振现象解决生活中遇到的光危害问题。

（二）运用的方法和路径

通过辅导员讲解，互动实验演示，引导观众观察、思考、讨论，并由辅导员进行总结。

（三）活动流程指南

活动导入

1. 为什么小球能够“穿墙而过”呢，管子中的两堵“墙”到底是怎么回事呢？

首先请大家仔细地观察一下展品，这是一根装有小球的玻璃管，中间有2块黑色的圆片，好似两堵“墙”，它们将管子分成了三个部分。（图1）

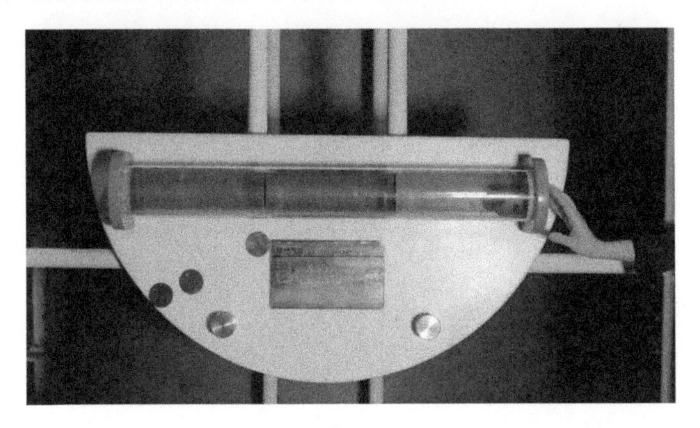

图 1

大家不妨先来猜测一下，当抬起管子的一端，小球能否通过两堵墙到达另一端呢？有些观众认为不能，因为小球会被两堵“墙”挡住；而有的观众认为能，这件展品不就叫作“穿墙而过”嘛。俗话说，眼见为实，邀请一位观众来帮大家操作一下：慢慢地抬起管子的一端，就会看到，小球轻而易举地穿过了两堵“墙”。再来试一次，结果还是一样。难道小球会“穿

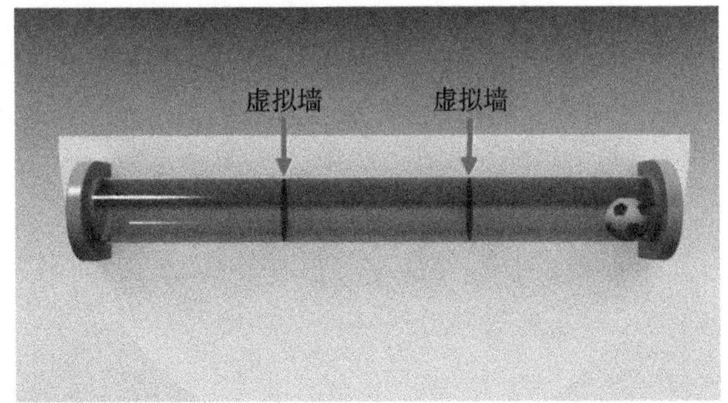

图 2

墙术”不成？现在请大家站在管子的两侧，可以看到管子是中空的，两堵“墙”是不存在的，（图 2）我们看到的是由光的偏振现象形成的无光的区域，因为那块区域，几乎没有光线通过，所以看上去是黑的，就像是堵在管子中间的“墙”。

活动中

●探索环节

2. 引导观众思考，什么是光的偏振现象？

准备一根橡皮筋，一张 A4 大小的硬纸板，用美工刀沿纵向雕刻出一条长 20 厘米、宽 2 厘米的缝隙。实验需要 2 个人，将纸板竖着立在桌面上，将橡皮筋从中间穿过，一人拿着橡皮筋的一头，轻微地拉伸橡皮筋，然后让其上下振动，观察能否顺利的通过缝隙。其他不变，然后让纸板横着立在桌面上，继续观察橡皮筋能否顺利地通过缝隙。

结果发现，橡皮筋在上下振动的时候，不会顺利地通过横着放立在桌面上纸板，也就是横向的缝隙，因为缝隙周围的纸板阻挡它的通过，同理，橡皮筋在上下振动的时候，会顺利地通过竖向的缝隙。（图 3）

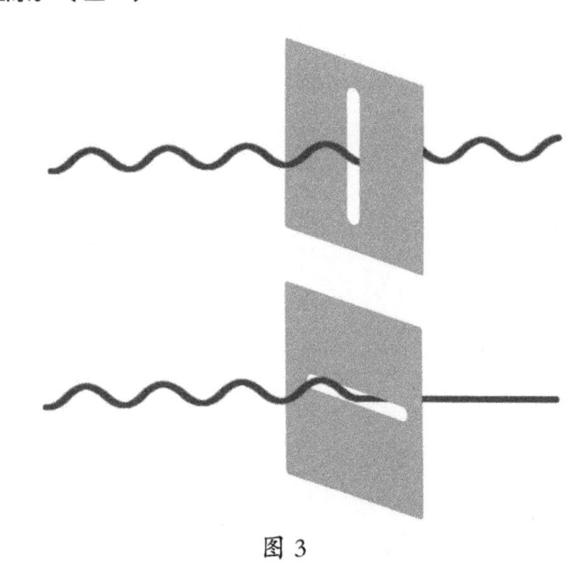

图 3

光在向外传播的过程中具有横波性，也就说光线是以波的形式振动传播。我们平时的可见光也叫做自然光，就是一种横波。横波有一个特点，当它的振动方向与传播方向不对称时就会发生偏振现象。

就如上面我们一起做的实验，如果把橡皮筋类比成光线，刻有缝隙的硬纸板类比成刻有缝隙的塑料片，当光线振动传播时，塑料片的缝隙与其垂直，那么光线在穿过塑料片的时候，就会有一部分被阻挡住，通过塑料片的光就会减弱，我们眼睛看到的结果就不那么明亮了，这就是光发生了偏振现象。

●发现环节

3. 引导观众探索，管子中的“墙”是如何形成的？[①]

本书为大家准备了 2 张一模一样的偏振片，大家可以拿出来一起探究偏振现象。偏振片不是普通的塑料片，而是一种光学元件。它是由特殊的材料制作而成，它上面有一个特殊的方向叫作透光方面，只有振动方向与透光方向平行的光线才能通过。

大家可以先观察一下这偏振片有什么特点。

拿起一张偏振片对着光源发现：有些发暗，不够透明。因为光线在通过的时候，一部分光被阻挡了，就像橡皮筋与纸板实验，只有振动方向与透光方向平行的光线才能通过。所以，透过偏振片我们看见世界有些变暗了。

接下来，请将 2 张偏振片重叠在一起，发现了什么？一张的摆放位置不变，将另外一张偏振片旋转 90° ，然后两张再次重叠，又发现了什么？

第一次重叠，偏振片变暗，但还是有少量光线可以透过，透过偏振片我们还能隐约看到对面的物体；第二次重叠，光线几乎不能通过，偏振片变成黑色，透过偏振片我们看不到对面的物体。

这是因为其中一张旋转 90° 后，两张偏振片的透光面现在呈垂直状态，来自各个角度的光线都被偏振片阻挡，几乎没有光线能通过，没有光，就会变黑。（图 4）

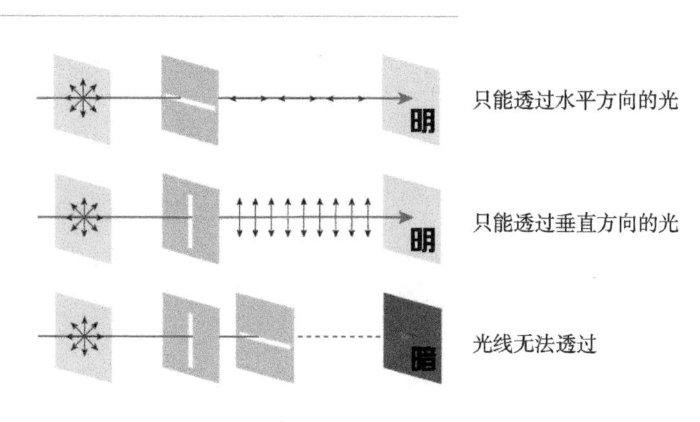

图 4

现在我们再来思考一下：管子里的那堵“墙”是怎样形成的呢？

管子的内壁贴有 2 张偏振膜，1 张是横向的，另外 1 张是纵向的，2 张偏振膜的交会处，将光线几乎全部阻挡，光线不能透过，就会出现黑色的边缘，就像是一堵墙一样，其实就是利用了偏振现象。（图 5）

① 偏振现象 . 百度百科 [DB/OL].[2019-12-24]https://baike.baidu.com/item/%E5%85%89%E7%9A%84%E5%81%8F%E6%8C%AF/1277912?fr=aladdin.

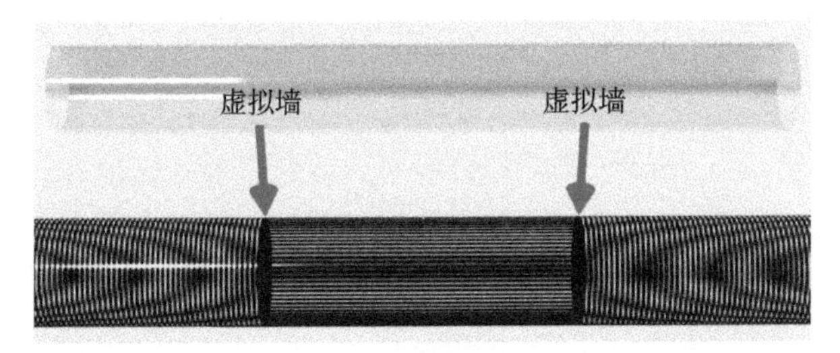

图 5

●反思环节

4. 引导观众思考，利用偏振现象，生活中有哪些应用？[①]

（1）使用偏振镜看立体电影

在观看立体电影时，观众要戴上一副特制的眼镜，这副眼镜就是一对偏振方向互相垂直的偏振片。立体电影是用两个镜头如人眼那样从两个不同方向同时拍摄下景物的像，制成电影胶片。在放映时，通过两个放映机，把用两个摄影机拍下的两组胶片同步放映，使这略有差别的两幅图像重叠在银幕上。这时如果用眼睛直接观看，看到的画面是模糊不清的，要看到立体电影，就要在每架电影机前装一块偏振片，它的作用相当于起偏器。从两架放映机射出的光，通过偏振片后，就成了偏振光，左右两架放映机前的偏振片的偏振方向互相垂直，因而产生的两束偏振光的偏振方向也互相垂直。这两束偏振光投射到银幕上再反射到观众处，偏振光方向不改变。观众用上述偏振眼镜观看，每只眼睛只看到相应的偏振图像，即左眼只能看到左机映出的画面，右眼只能看到右机映出的画面，这样就会像直接观看那样产生立体的感觉，这就是立体电影的原理。当然，实际放映立体电影是用一个镜头，两套图像交替印在同一电影胶片上，还需要一套复杂的装置。（图 6）

图 6

① 偏振 . 维基百科 . [DB/OL].[2019-12-24]https://wiki.hk.wjbk.site/baike.

（2）汽车使用偏振片防止夜晚对面车灯晃眼

夜间行车经常会发生因为车灯光照强，驾驶员看不清楚对面的情况，而发生交通事故。利用偏振现象有可能解决这个问题，将汽车灯罩设计成斜方向 45° 的偏振镜片，这样射出去的光都是有规律的斜向光。汽车驾驶员戴一副夜间眼镜，偏振方向与灯罩偏振方向相同。如此一来，驾驶员只能看到自己汽车射出去的光，而对面汽车射来光的振动方向，正好是与本方向汽车成 90° 角，那样对面的车灯光线就不会再晃到驾驶员的眼睛里。

当然这个设想要实现还很漫长，首先世界必须制定一个统一的标准，来规定灯罩与眼镜的偏振方向；其次偏振眼镜必然会损失一部分光线，那么驾驶员的视野会受到影响；而且汽车大灯的功率都很大，其一半的能量都被偏振镜片吸收，一定会产生大量的热，对于汽车灯罩的做工，也是一个非常大的考验。

活动小结

5. 任务卡

活动结束后，发放任务卡，可以让大家根据此次的活动内容，并结合展区展品完成任务卡。

（1）在科技馆展区里你还能看到哪些偏振现象？

（2）在我们日常生活中还有哪些地方利用了偏振现象呢？还有哪些光危害，可以利用偏振现象来解决呢？

三、活动拓展①

（一）摄像机镜头

自然光在玻璃、水面、木质桌面等表面反射时，反射光和折射光都属于偏振光，而且入射角变化时，偏振的程度也有变化。在拍摄表面光滑的物体，如玻璃器皿、水面、陈列橱柜、油漆表面、塑料表面等，常常会出现耀斑或反光，这是由于反射光波的干扰而引起的。如果在拍摄时加用偏振镜，并适当地旋转偏振镜片，让它的方向与反射光的透振方向垂直，就可以减弱反射光而使水下或玻璃后的影像清晰。

（二）测量相关物理量

偏振光通过一些介质后，其振动方向相对原来的振动方向会发生一定角度的旋转，旋转的这个角度叫旋光度，旋光度与介质的浓度、长度、折射率等因素有关。测量旋光度的大小，就可以知道介质相关物理量的变化。

（三）昆虫复眼

人的眼睛对光的偏振状态是不能分辨的，但某些昆虫的眼睛对偏振却很敏感。比如蜜蜂有五只眼：三只单眼、两只复眼，每个复眼包含有 6300 个小眼，这些小眼能根据太阳的

① 光的偏振现象 . 趣味科学实验 . [EB/OL].[2019-12-24]https://mp.weixin.qq.com/s/97dk0Wnluw6NEUBqZexXqQ.

偏光确定太阳的方位，然后以太阳为定向标来判断方向，所以蜜蜂可以准确无误地把同类引到它所找到的花丛。

再如在沙漠中，如果不带指南针，人是会迷路的，但是沙漠中有一种蚂蚁，它能利用天空中的紫外偏光导航，因而不会迷路。

（四）LCD 液晶屏

LCD 技术是把液晶灌入两个列有细槽的平面之间。这两个平面上的槽互相垂直（相交成 90°）。也就是说，若一个平面上的分子南北向排列，则另一平面上的分子东西向排列，而位于两个平面之间的分子被强迫进入一种 90° 扭转的状态。由于光线顺着分子的排列方向传播，所以光线经过液晶时也被扭转 90°。但当液晶上加一个电压时，分子便会重新垂直排列，使光线能直射出去，而不发生任何扭转。

LCD 是依赖极化滤光器和光线本身，自然光线是朝四面八方随机发散的，极化滤光器实际是一系列越来越细的平行线，这些线形成一张网，阻断不与这些线平行的所有光线，极化滤光器的线正好与第一个垂直，所以能完全阻断那些已经极化的光线。只有两个滤光器的线完全平行，或者光线本身已扭转到与第二个极化滤光器相匹配，光线才得以穿透。

LCD 正是由这样两个相互垂直的极化滤光器构成，所以在正常情况下应该阻断所有试图穿透的光线。但是，由于两个滤光器之间充满了扭曲液晶，所以在光线穿出第一个滤光器后，会被液晶分子扭转 90°，最后从第二个滤光器中穿出。另一方面，若为液晶加一个电压，分子又会重新排列并完全平行，使光线不再扭转，所以正好被第二个滤光器挡住。总之，不加电将光线射出，加电则使光线阻断。

（五）医疗

运动性疼痛：各种亚急性慢性肌肉痛、关节痛；各种骨关节退行性病变所致的疼痛：颈椎病、肩周炎、肱骨外上髁炎；腰椎间盘突出症、膝关节骨性关节炎、足跟痛与足底痛及各种关节炎等。

红外偏振光治疗的特点：无损伤，无痛苦，无感染危险，治疗时间短，无副作用及并发症，适应范围广，作为神经阻滞的辅助疗法或替代疗法。

偏振光可用于对药物有变态反应的高龄患者，或出血性疾病等不宜神经阻滞的患者。可与各种药物疗法并用，操作者无须较高的医疗技术，在医师指导下护士即可完成局部普通照射操作。

激光是单色线性偏振光，红外偏振光是宽谱椭圆偏振光，类似于不同波段低功率激光的复合应用。试验证明，不同波段激光复合应用的疗效多优于单一激光。

（六）偏振现象分类

光波是横波，即光波矢量的振动方向垂直于光的传播方向。通常，光源发出的光波，其光波矢量的振动在垂直于光的传播方向上作无规则取向，但统计平均来说，在空间所有可能的方向上，光波矢量的分布可看作是机会均等的，它们的总和与光的传播方向是对称的，即光矢量具有轴对称性、均匀分布、各方向振动的振幅相同，这种光就称为自然光。

1. 线偏振光

光矢量端点的轨迹为直线，即光矢量只沿着一个确定的方向振动，其大小随相位变化、方向不变。

2. 椭圆偏振光

光矢量端点的轨迹为一椭圆，即光矢量不断旋转，其大小、方向随时间有规律地变化。

3. 圆偏振光

光矢量端点的轨迹为一圆，即光矢量不断旋转，其大小不变，但方向随时间有规律地变化。

（王倩倩）

触　　电

一、方案陈述

（一）主题

静电。

（二）科学主题

高压静电可以让我们的头发蓬松竖立，那么静电是怎么产生的？生活中有哪些静电现象，静电的存在使我们的生活更方便了，还是更麻烦了？

（三）相关展品

“怒发冲冠”。

（四）传播目标

1. 激发科学兴趣。由现场“怒发冲冠”展品演示、原理解释，激发观众对于静电的兴趣，列举生活中的静电现象。

2. 理解科学知识。通过材料挑选，让观众自己制造静电，感受静电的存在。总结静电产生的原因。

3. 从事科学推理。引导观众思考，电荷存在于物质中，为什么我们感受不到？静电的吸附现象怎么产生的？

4. 反思科学。讨论静电的利与弊，以及如何利用静电、避免静电。

5. 参与科学实践。通过任务卡，让观众通过之前的介绍、互动，根据展厅中其他展品的参与体验静电。并布置回家任务，达到让观众参与实践的目的。

（五）组织形式

1. 活动形式：演示加互动实验。

2. 活动观众：全年龄。

3. 活动时长：30 分钟左右 / 场。

（六）注意事项

1. 注意气球的使用安全，不要戳爆。

2. 观众挑选制造静电的材料时，注意安全和维护秩序。

（七）学生手册

1. 认真听讲解，积极参与互动，了解静电产生的原因、生活中的静电现象，以及如何利用静电或者避免静电。

2. 积极参加讨论，认真思考、总结。

3. 根据探索任务卡，在展区进行展品深度观察。

（八）材料清单

塑料梳子、木梳、碎纸片、气球、易拉罐、毛皮、橡胶棒、水杯、装有水的容器、大头针、盐、胡椒粉、不锈钢汤勺、玻璃棒、丝绸。

二、实施内容

（一）活动实施思路

从“怒发冲冠”展品（图1）演示的现象说起，激发观众兴趣。从而介绍静电是如何产生的，并通过一系列的实验，让观众感受到静电的存在。并引导观众思考，静电对我们生活的影响，并总结静电的利与弊。

图 1

（二）运用的方法和路径

通过辅导员讲解、互动实验演示，引导观众观察、思考、讨论，并由辅导员进行总结。

（三）活动流程指南

活动导入

1. 为什么参与“怒发冲冠”的观众头发会竖立起来，而且不会触电呢?

当观众站上绝缘平台之后，将手接触到金属球的表面，不一会儿工夫，伴随着头发的甩动，便会看见发丝一根根竖立起来，好似“金毛狮王”，具有极强的视觉冲击力。（图 2）

图 2

这种现象产生是由于高压静电的存在。静电具有向物体尖端流动的特性，我们的发丝就是类似的尖端，由于同种电荷相互排斥，所以头发便会变得蓬散起来。这个过程中，由于参与者站在绝缘平台上，所以大可不必担心会有触电的危险。

活动中

●体验环节

2. 引导观众思考，我们生活中有哪些静电的现象呢？（图 3）

脱毛衣的时候，会听到“噼里啪啦”的响声；手碰门把手、栏杆等金属器物时，两人不经意碰一下的时候，都会有“触电的感觉”；衣服上灰尘特多，用手拍却怎么也拍不掉；天天使用电脑的白领脸部红斑、色素沉着等面部疾病的发病概率远远高于不使用电脑的人，这也是由于电脑屏幕所产生的静电吸引了大量悬浮的灰尘使面部受到刺激引起的。

图 3

3. 制造静电。提供若干物品，提问，哪些物品容易产生静电？引导观众动手挑选，尝试，验证

准备的物品包括：塑料梳子、木梳、碎纸片、气球、易拉罐、毛皮、橡胶棒、水杯、装有水的容器、大头针、盐、胡椒粉、不锈钢汤勺、玻璃棒、丝绸。

一般观众会挑选物理课本里提到过的毛皮摩擦橡胶棒、气球摩擦头发、丝绸摩擦玻璃棒产生静电，吸附小纸片。（图 4）

图 4

推动体验高潮：一般认为摩擦后能够使头发竖起来、能吸附小纸片，那么现在我们看看摩擦还能产生什么？大家可以试试用摩擦过头发的气球靠近水流。

看，气球摩擦头发产生静电可以改变水流的方向。（图 5）

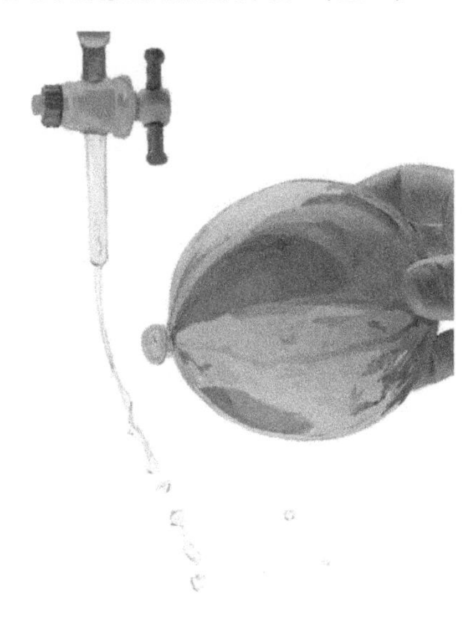

图 5

总结：关键词——摩擦。

● 探索环节

观众通过体验产生极大好奇，具备了探索的冲动，此时可以提出问题：

（1）为什么摩擦会产生这些变化？观众回答：因为产生静电。

（2）那么，有谁能够说说这种静电产生的原理？

（3）但是，静电存在于周围一切物质当中，那么我们触摸所有物体的时候都能感觉到有电吗？并不能。那为什么静电存在于所有的物质之中，人们却通常感觉不到物体带电呢？

● 发现环节

大家都知道电荷有两种，正电荷和负电荷。一般情况下，物体都同时带有两种电荷，而且正、负电荷数量相等，所以，它们相互抵消，我们就感觉不到物体带电。但是一旦物体受到外界影响（例如摩擦）时，物体表面的电荷发生了转移，正负电荷数量不一样了，物体就显示带电了。

比如，用塑料梳子梳头发的时候会有静电。就是因为梳头时，梳子和干燥的头发产生摩擦，头发上的负电荷发生了转移，跑到梳子上，梳子上就有了多余的负电荷，所以梳子就带负电，头发缺少了负电荷就带上了正电。这些电荷静止在物体上就产生了静电现象，而且，在它们靠近时会产生相互吸引的现象。所以头发就由于静电作用吸附在梳子上了。

我们还能试试用一个气球摩擦羊毛衫，然后将气球靠近头发，看看会发生什么？

然后再用两个气球分别摩擦羊毛衫，然后将气球摩擦的部位相互接触，再看看会发生什么？

不难发现头发会被吸到气球上，两个气球会互相排斥。摩擦后的物体，有时相互吸引，有时相互排斥。这就和磁铁类似。带同种电荷的物体相互排斥，带异种电荷的物体相互吸引。（图 6）

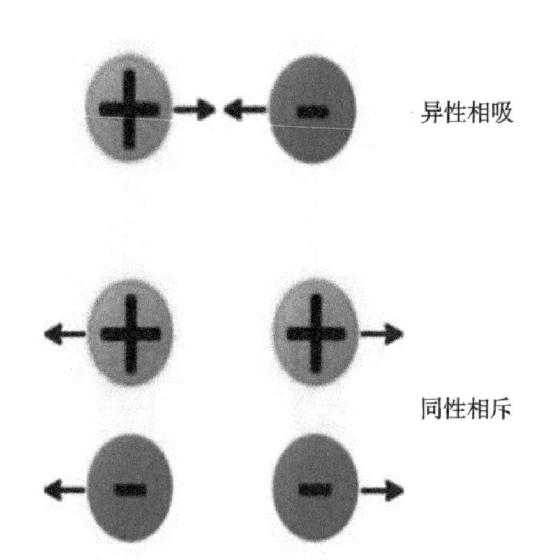

图 6

实践：分离食盐和胡椒粉

小碗中混合有食盐和胡椒粉。请问怎么将食盐和胡椒粉分离开呢?

步骤:

(1)把勺子在头发上来回摩擦,产生静电。

(2)把带有静电的勺子放进食盐与胡椒粉的混合物里。

(3)勺子沾上了胡椒粉,剩下的就是食盐。

●反思环节

4. 静电的利与弊

利:可以利用静电除尘。生活中常见的静电除尘掸;生产中高高的烟囱里面有静电装置,也可以除尘,减少污染。

弊:最常见的就是家用电器上的静电了,家用电器的三眼插座就是为了把电器上的静电导走。一般电器上的静电电压很高,能达到近 1000 伏,容易放电伤人和造成电器短路。

活动小结

5. 任务卡

活动结束后,发放任务卡,可以让大家根据此次的活动内容,并结合展区展品完成任务卡。

● 你还能在我们展区里看到哪些静电的现象?(手指触碰“辉光球”)

● 我们刚才尝试了利用静电分离食盐和胡椒粉。那么你们觉得能利用静电分离红糖和味精吗?如果可以,勺子吸附的是红糖还是味精呢?你们不妨回去试试,看看你们猜测的结果是不是正确。

● 回去准备一个盛饭的塑料勺子、一只笔、 一双筷子、一把梳子,然后分别把这些东西在你的头发上进行摩擦,看看,哪种工具可以吸附更多的食盐?如果同一工具摩擦时间更久一点,会不会吸附更多的食盐呢?为什么?

三、活动拓展

(一)无处不在的静电

两个人见面握手时,手指刚一接触到对方,指尖就会感到一阵刺痛;梳头时,头发会经常“飘”起来,越理越乱;拉门把手、开水龙头时都会“触电”,还时常发出“啪、啪、啪”的声响;干燥的秋天,晚上脱衣服(特别是腈纶面料)时,黑暗中可以听到轻微噼啪噼啪的声响,有时还会有蓝光,这就是我们平时常见的静电。

(二)静电的产生[①]

静电产生的原理我们在之前也简单讲过,更具体地说静电是通过摩擦引起电荷的重新分布而形成的,也有由于电荷的相互吸引引起电荷的重新分布形成。一般情况下原子核的

① 静电 . 百度百科 [DB/OL].[2019-12-20]https://baike.baidu.com/item/%E9%9D%99%E7%94%B5/623?fr=aladdin.

正电荷与电子的负电荷相等，正负平衡，所以不显电性。但是如果电子受外力而脱离轨道，造成不平衡电子分布，比如实质上摩擦起电就是一种造成正负电荷不平衡的过程。当两个不同的物体相互接触并且相互摩擦时，一个物体的电子转移到另一个物体，就因为缺少电子而带正电，另一个物体得到一些剩余电子的物体而带负电，物体带上了静电。

所有物质都是由原子组成的，原子的基本结构为质子、中子和电子。质子带正电，中子不带电，电子带负电。在正常情况下，一个原子的质子数与电子数相同，正负电平衡，因此似乎不带电。然而，由于摩擦等外力作用或以动能、势能、热能、化学能等各种能量形式存在，就会使原子的正负电出现不平衡的现象。其实，我们平时所说的摩擦本质上就是一个不断接触与分离的过程。在某些情况下，静电不必通过摩擦也能产生，如感应静电、热电和压电、亥姆霍兹层、射流电等。任何两个不同材质的物体接触后再分离，就会产生静电，而产生静电的普遍方法，就是摩擦生电。并且材料的绝缘性越好，越容易产生静电。由于空气也是由原子构成的，所以可以说，静电可以在我们生活的任何时间、任何地点产生。要完全消除静电几乎不可能，但可以采取一些措施控制它而不造成危害。

（三）静电的危害[①]

1. 工业中的危害

静电的产生在工业生产中是不可避免的，它造成的危害主要可归结为以下两种机理：引起电子设备的故障或误动作，造成电磁干扰；击穿集成电路和精密的电子元件，或者促使元件老化，降低生产成品率；高压静电放电造成电击，危及人身安全；在多易燃易爆品或粉尘、油雾的生产场所极易引起爆炸和火灾；吸附灰尘，造成集成电路和半导体元件的污染，大大降低成品率；胶片和塑料工业，使胶片或薄膜收卷不齐；胶片、CD 塑盘沾染灰尘，影响品质；造纸印刷工业，纸张收卷不齐，套印不准，吸污严重，甚至纸张黏结，影响生产；纺织工业，造成根丝飘动、缠花断头、纱线纠结等危害。

静电的危害有目共睹，人们已经开始实施各种程度的防静电措施和工程。但是，要认识到，完善有效的防静电工程要依照不同企业和不同作业对象的实际情况，制定相应的对策。防静电措施应是系统的、全面的，否则，可能会事倍功半，甚至造成破坏性的反作用。

2. 对孕妇的危害

持久性的静电可引起人体血液的 pH 值升高，尿中钙排泄量增加，血钙减少，对孕产妇的健康危害最大，静电可致孕产妇体内孕激素水平下降，让她们容易感到疲劳、烦躁和头痛等，因此有必要适当防范。

3. 静电对宝宝的危害

首先，它会使血液的碱性浓度升高，而钙质减少，这对于正处在生长发育期的婴幼儿来说实在是大忌讳。还有，静电吸附的大量尘埃中含有多种病毒、细菌与其他有害物质，

① 静电 . 百度百科 [DB/OL].[2019-12-20]https://baike.baidu.com/item/%E9%9D%99%E7%94%B5/623?fr=aladdin.

它们会使宝宝的皮肤起斑发炎，抵抗力弱的宝宝甚至有可能引发气管炎、哮喘和心律失常等。

4. 对人体的危害

对皮肤：人长期处于开着的电视、电脑和微波炉等环境下，就常常可能有毛孔变大，皮肤干燥、红斑、皮肤瘙痒等症状。而天天操作电脑的办公室白领脸部红斑、色素沉着等面部疾病的发病概率远远高于不用电脑者，这是由于电脑屏幕所产生的静电吸引了大量悬浮的灰尘，使面部受到刺激引起的。对于皮肤敏感的人更是如此。

对心脏：在临床上，当某些人病危时，可能使用一种电击的方式挽救病人生命，因为对心脏电击能除颤。可见一定量的电流能起到救人的作用，但是正常的人并不需要电流。若是人体所带的静电在数千伏甚至万伏，它会严重干扰以至改变人体内所固有的电位差，特别是影响到心脏的正常工作，有可能引起心率异常和心脏早搏。冬季有 1/3 的心血管疾病与静电有关，查不出病因的心脏病人、神经衰弱的人十之八九是因为长期受静电干扰所至。

对大脑：医学专家解释，干燥产生的静电对大脑的确会有影响，它会引起神经细胞膜电流传导异常，影响人的中枢神经，使人感到疲劳、烦躁、失眠、头痛。

（四）日常生活中防静电①

教大家一个小窍门，随身携带一节干电池，就能避免静电。这其实是将静电从身上转移到了电池上。这与和人握手前，先摸墙壁或者先抓一把钥匙的原理一样，都是静电转移。另外很多电子元器件的包装所使用的灰色塑料袋，也含有导电材料，能够转移静电，使电子元件免受静电破坏。

另外大家不难发现静电在冬天比较常见，而夏天较少出现。那么冬天和夏天最大的区别除了温度以外还有个重点，就是湿度。湿润的空气导电性强，容易将静电荷释放掉。所以，我们可以从增加湿度着手。在室内，一台小小的加湿器就能解决问题，它可以让空气变得潮湿，从而降低家中发生静电冲击的可能。在使用完电子产品以后，应该及时洗手洗脸，并选用高保湿的化妆品。同样，生活常识告诉我们尽量穿纯棉、真丝、麻质的衣服能够减少静电，这是因为这类材料吸湿性较好。

（五）KN95 口罩千万不能用水洗

KN95 口罩中间是一层由聚丙烯制成熔喷无纺布，是一种超细静电纤维，最大的特点就是拥有静电吸附能力，可以吸附粉尘和飞沫。水洗会让纤维失去静电，也就失去了静电吸附的能力。同样超过保质期的 KN95 口罩也是因为时间太长而失去静电，不能达到 95% 的过滤效果。

（李渊渊）

① 静电 . 百度百科 [DB/OL].[2019-12-20]https://baike.baidu.com/item/%E9%9D%99%E7%94%B5/623?fr=aladdin.

雅各布天梯

一、方案陈述

（一）主题

放电、触电。

（二）科学主题

从闪电等自然现象出发，探究高压放电的现象和背后的原理。

（三）相关展品

雅各布天梯。

（四）传播目标

1. 激发科学兴趣。由现场“雅各布天梯”展品演示，通过对名字的解释以及自然界中的放电现象激发观众对于放电的兴趣。

2. 理解科学知识。让观众通过观察电弧的产生和消失，感受放电。总结放电产生的原因。

3. 从事科学推理。通过提示“放电、天气”等词语，引导观众根据现象推理：怎么避免雷电的危害。

4. 反思科学。讨论高压 3 米触电的说法是否准确，以及在触电后怎么自救和救人。

5. 参与科学实践。收集电荷，通过和观众一起制作莱顿瓶，并体验“放电”的感觉；通过任务卡，让观众参与展厅中其他带电展品达到参与实践的目的。

6. 发展科学认同。通过介绍日常生活中的用电方式（直流电和交流电）、讲述科学家发明背后的故事，帮助观众建立起对科学的认同感。

（五）组织形式

1. 活动形式：演示加互动实验。

2. 活动观众：全年龄。

3. 活动时长：20 分钟左右 / 场。

（六）注意事项

1. 演示器工作一段时间后，会自动断电进入保护状态，稍等一段时间，仪器恢复后可继续演示。

2. 多次提醒观众，尤其是小朋友在没有家长监护下，在家中不要轻易尝试和电有关的实验。

3. 手摇发电机带有高压放电性质，进行莱顿瓶的互动实验时要提醒观众注意安全并及时维护秩序。

（七）学生手册

1. 认真听讲解，积极参与互动，了解雅各布天梯放电产生的原因、生活中的放电现象，以及如何利用放电或者避免放电。

2. 积极参加讨论，认真思考、总结。

3. 根据探索任务卡，在展区进行深度展品观察。

（八）材料清单

感应起电机一台，莱顿瓶一套（锡箔纸、奶茶杯、绝缘胶带）。

二、实施内容

（一）活动实施思路

从“雅各布天梯”展品演示的现象说起，激发观众兴趣，通过观察展品弧光产生的现象，进而向观众讲解雅各布天梯的由来和电弧周而复始背后的原理。引导观众联想到自然界中的闪电、生活中的静电等放电现象；进而联想到，作为电的导体，人体发生的各类触电现象，包括高压触电、雷电触电等，向观众传递正确的自救、救人方式；最后扩展到怎么收集电荷、日常生活中的直流电和交流电，以及两位科学家之间的“电流大战”，引导观众对科学产生兴趣、培养对科学的认同感。

（二）运用的方法和路径

通过辅导员讲解，利用观众的生活经验和体验来理解，化抽象为具体，并运用道具实验等方式组织观众参与活动，逐步引导观众观察、互动、谈论及反思。

（三）活动流程指南

活动导入

1. 请观众观察并用语言描述实验现象（注意弧光的产生、移动、消失）

雅各布天梯实验设备展示了电弧产生和消失的过程，它由变压器，一对上宽下窄、顶部呈羊角形的电极等部分组成（图 1）。由变压器提供数十万伏的高压，在羊角电极间击穿空气，形成弓形电弧，产生磁场，使电弧向上运动，其运动过程类似于爬梯。当电弧被拉长到 600 毫米左右，所施加的电压再不能维持产生电弧所需的条件，电弧就消失，此时羊角电极底部又会产生新的电弧，形成周而复始的电弧爬梯现象。

2. 这个展品为什么叫“雅各布天梯”呢?

希腊神话中有这样一个故事：雅各布做梦沿着登天的梯子取得了“圣火”，后人便把这神话中的梯子，称为雅各布天梯。热空气带着电弧一起上升，就像《圣经》中的雅各布（Yacob：以色列人的祖先）梦中见到的天梯[1]。

---

① 雅各布天梯 . 百度百科 [DB/OL].[2019-12-20]https://baike.baidu.com/item/%E9%9B%85%E5%90%84%E5%B8%83%E5%A4%A9%E6%A2%AF/10967456?fr=aladdin.

图 1　雅各布天梯展品

活动中

3. 那么放电的原理是什么呢？

在高压下，两电极间距最近处（即两金属电极最底部）之间的电场强度最强，从而使两级之间的空气电离，成为电的导体——这种现象又称为空气被击穿，并形成大量的正负等离子体，即产生电弧放电。热效应，导致放电电流附近的空气膨胀、密度减小而上升，电弧也随空气上升。随电弧拉长随电弧上升，两金属电极间距加大，在电压不变的情况下电场强度减弱，直至无法使空气电离，致使电弧消失。在高压下，电极间距离最小处的空气还会再次被击穿，发生第二次电弧放电，如此周而复始，展品向人们展示了电弧产生和消失的过程①。

4. 观察这个现象你联想到了什么？

（提示闪电、冬天脱毛衣等放电现象）

闪电是自然界中的空气电离、击穿而导电的过程，当云层和地面积聚足够的相反电荷时，它们之间会存在非常高的电压。这个电压能够使空气离子化从而导电，这个过程会产生一个巨大的火花，我们称之为闪电，属大气放电现象。那么，闪电为何伴随耀眼的光芒和震耳欲聋的雷声？

---

① 张玉晶．科普展品“雅各布天梯”的奥秘及维护建议 [J]. 探索科学，2016（4）.

通常，发生雷电时的平均电压为1亿伏特、平均电流为3万安培。如此高的电流将使闪电通道的温度瞬间飙升至27000℃以上。如此高的温度产生两个物理效应：局部空气发出强光，并在快速膨胀中产生震荡而发出强大的雷声。

美国科学家富兰克林，通过“风筝实验”揭开了雷电的秘密，证实了雷暴只是普普通通的放电现象，“上帝的怒火”不过是无稽之谈，还根据放电的原理，发明了避雷针。如果高大的建筑物上安装有避雷针这个大导体，闪电就会通过电离的空气击中避雷针，产生尖端放电现象，而避雷针是接入大地的，所以连接地下的部分就会将电流导入大地，起到对建筑物保护的作用。

在干燥的冬天毛衣摩擦之后身体会积累静电荷，这时如果手指靠近金属物品，就会感到手上有针刺般的疼痛感，这就是火花放电引起的。

●反思环节

5. 人体是导体，其实很容易产生触电

（1）什么是触电？

触电是指人体触及带电体后，带电体与人体之间电弧放电时，电流经过人体流入大地或是进入其他导体构成回路的现象。

（2）什么情况下容易触电？

大量数据表明，很多人触电是由于粗心大意导致的，很多人在接电的时候，出现了错误操作或者是违规操作，这样就容易导致触电发生。由于不知道哪些地方带电，什么东西能传电，误用湿抹布擦抹带电的家用电器，或随意摆弄灯头、开关、电线等造成触电。

6. 我们经常会看到高压电底端上写着“3米放电”的标识，那么这个标识是真的吗？还是只是为了防止大家因为意外受到高压电的伤害呢？

人体距离高压电的安全距离：10kV为0.7米、35kV为1米、110kV为1.5米、220kV为3米，这是以空气作为绝缘介质对人体的安全距离。如果人体或导电体靠近，就有可能引起空气被电离，变成了导体，产生尖端放电现象，电压等级越高越容易放电。如果是220kV电压等级，人体进入3米内就可能造成放电。

电压在释放电能的时候会产生大量的磁场，有经验的电工在没有电笔的情况下欲判断导线有无电流时，一般均用手背而非手心试触导线，因为电流导致人的神经麻痹而无法调节肌肉组织。人在触电时，手往往会粘在电线上而无法自主摆脱。所以在高压电附近工作的时候一定要有绝缘措施，并且要保持一定的安全距离，避免高压导线与人体之间发生“尖端放电现象”。因此在雷雨天的时候一定要注意高空的电线。

7. 触电后应该如何救人及自救？

救人：

（1）立即切断电源，或用木棒、竹竿等绝缘物使患者脱离电源。

（2）迅速将触电者移到通风干燥的地方仰卧，呼叫120急救中心。

（3）判断呼吸和脉搏，若触电者呼吸、心跳均停止，应交替进行人工呼吸和胸外心脏挤压，并尽快送往医院救治，途中不可停止施救。

自救：

（1）如果触电电器装置是在墙面等固定位置，可用脚猛蹬使身体向后倾倒，尝试摆脱电源。

（2）在大脑还保持清醒的状态下，大声地呼救，吸引他人来协助你。

●体验环节

8. 既然电可以产生，那么是否可以收集电呢？

莱顿瓶，是荷兰莱顿大学的物理学家穆森布罗克发明的。它制作简单，成本低廉，虽然这种装置的电容量很小，而所能承受的电压却很高。通过奶茶杯、锡箔纸、绝缘胶带和观众一起制作莱顿瓶，并通过感应起电机收集电荷，最后大家手牵手体验“放电”的感觉，让观众参与到科学实践中来。

（1）制作莱顿瓶（图 2）。将一个奶茶杯的里面和外面都贴上锡箔纸，并将另一个奶茶杯套在其中，确保固定住夹层的锡箔纸，再另剪一长条放在两个奶茶杯之间作为“舌头”，“舌头”必须在两个杯子之间且与内层锡箔纸接触。在最外层的锡箔纸上固定两条绝缘胶带，方便握住杯子。

图 2　自制莱顿瓶

（2）然后邀请一位观众上前，你摇动感应起电机（图 3）让观众用莱顿瓶的“舌头”收集电荷，之后离开起电机。指导观众尝试用左手握住杯子的绝缘胶带部分，右手碰莱顿瓶的“舌头”，这时可以模仿魔术师的口吻说“你的手一定很麻吧，我的魔法奏效了”。

（3）如果现场气氛不错，还可以玩一种“集体触电”的游戏：十几个人手拉手连成一排，排头的人握住杯子的绝缘胶带部分，让排尾的人去触摸瓶子上的“舌头”，整个队伍就会同时有触电的感觉。

如果出现只有队伍的前一部分人跳起来，到某一个人就停住了，那可能是这个人鞋底是湿的，水作为导体将电荷吸引到了地下。

图 3　感应起电机

●启发环节

9. 我们生活中用到的电又是什么样的呢？是谁发明了电？

直流电是最早被发现的，110 伏“巨汉号”直流发电机发现者是我们比较熟悉的电灯泡的发明者爱迪生（图 4）；而交流电是生活中应用最为广泛的，高频交流发电机发现者是被誉为天才的科学家特斯拉（图 5）。人们还曾发生过“电流大战”，其实呀，在什么时候采用哪种电是出于方便、成本等方面考虑的，但是地球上科技发展的必然趋势促使了交流电的胜利。爱迪生支持的直流电指的是恒定的电流从正极流向负极，比如各类电池。特斯拉代表的交流电则是电源的正、负极随时间交替变化，导致电路中的电流流向也随时间同步变化。比如说 50Hz 的交流电就是指交流电的方向每 0.02 秒改变一次，我们今天的家用电器大部分应用的就是交流电。

图 4　托马斯·阿尔瓦·爱迪生

因为随着用电时代的到来，很多地区都需要远距离输送电流，而交流电最大的一个好处就是容易升压或者降压，所以更适合远距离传输。而且交流电发电的效率也更高，最重要的是利润更大成本更低，比直流电更具有竞争优势，所以逐渐占领了市场。但是爱迪生和他的支持者们称交流电很危险，足以电死一头大象，为此还设计了一次实验，不过这其实不能说明什么，因为直流电被加压后也很危险。而之后的一件大事向民众展示了交流电的可靠性和安全性——被称为“改变美国的一届世博会”的 1893 年芝加哥世博会应用了交流电技术，实现了第一次完全采用人工照明，几十万盏彩灯装饰了整个会区。而在之后，特斯拉的多项系统被用于世界上第一座水电站——尼亚加拉大瀑布水电站，并能向周围 25 千米外的村庄输电，而且 100 多年后的今天它仍然运作如常。这一事件宣告交流电彻底战胜了直流电，从那时起，人们意识到交流电无害，并在工业、商业、民用等多方面进行大力推广。

图 5　尼古拉·特斯拉

尼古拉 · 特斯拉这位科学家也十分传奇，他将一生都奉献给了他的工作，虽有 1000 多项发明，却过着孑然一身的生活，从未娶妻、生子。甚至因为放弃交流电的专利权而贫困潦倒，一生都住在宾馆里。

通过讲述科学家发明背后的故事，帮助观众建立起对科学的认同感。

活动小结

通过活动阐释展品背后的原理，帮助观众了解触电的危险和救人、自救的方法，最后通过收集电荷的互动小游戏以及讲述电背后的科学家的故事，拉近观众与科学的距离。

10. 任务卡

活动结束后，发放任务卡，可以让大家根据此次的活动内容，并结合展区展品完成任务卡。

（1）聊一聊你通过这节课对电有了哪些认识。

（2）在生活中怎么样安全用电？如果被电后应该怎么做？

（3）通过了解尼古拉 · 特斯拉这个科学家，你学到了什么？

三、活动拓展

（一）触电会对人体造成什么伤害?

感应电流：交流 1 毫安（男子 1.1 毫安，女子 0.7 毫安）或直流 5 毫安时，人体就可以感觉电流接触部位有轻微的麻痹、刺痛感；

摆脱电流：不超过交流 16 毫安（女子为交流 10.5 毫安左右）或直流 50 毫安，不会对人体造成伤害，可自行摆脱；

伤害电流：超过摆脱电流，交流在 16 ~ 50 毫安时，电流就会对人体造成不同程度的伤害，触电时间越长，后果也越严重。当通过人体的电流超过伤害电流时，大脑就会昏迷，心脏可能停止跳动，并且会出现严重的电灼伤；

致死电流：当通过人体的交流电流到达 100 毫安时，如果通过人体 1 秒，便足以致命，造成严重伤害事故。

（二）电存在于所有物质之中，为什么我们平时感觉不到物体带电呢?

物质中同时具有两种电荷：正电荷和负电荷。由于正负电荷数量相等，相互抵消，所以物体不显示带电；当物体受到外界影响（例如摩擦）时，物体表面的电荷发生了转移，正负电荷数量不一样，物体就显示带电了。

处于静止状态的电荷，被称为“静电”。人体静电的电压最高可达 2 万伏左右。在冬天干燥的空气里人体会带电，只要人一走动，空气与衣服之间的摩擦就使人体储存了静电。因此，当手触及门上的金属把手等导体就会放电，感觉就像被电了一下。

（三）辉光、电晕、火花、弧光放电有什么区别和联系?

辉光放电（glow discharge）是指低压气体中显示辉光的气体放电现象，即是稀薄气体中的自持放电（自激导电）现象；

电晕放电（corona discharge）是指气体介质在不均匀电场中的局部自持放电，是最常见的一种气体放电形式；

火花放电是指在普通气压及电源功率不太大的情况下，若在两个曲率不大的冷电极之间加上高电压，则电极间的气体将会被强电场击穿而产生自激导电的放电形式；

弧光放电是指呈现弧状白光并产生高温的气体放电现象。无论在稀薄气体、金属蒸气或大气中，当电源功率较大，能提供足够大的电流（几安到几十安），使气体击穿，发出强烈光辉，产生高温（几千到上万度），这种气体自持放电的形式就是弧光放电。

（李今）

听见你的声音

一、方案陈述

（一）主题

声音。

（二）科学主题

你知道声音是如何产生的吗？声音是由哪些要素组成的？它们又会受到哪些因素的影响？你是否对乐器感兴趣？声音与音乐间又有哪些奥秘呢？

（三）相关展品

看得见的声波、声聚焦、击鼓共振、听回声。

（四）传播目标

1. 激发科学兴趣。参观“看得见的声波”展项，让观众知道声音不仅能听见，而且还能“看”见。声音是由于物体振动所产生的，并且以波的形式传播，是一种具有能量的波。

2. 理解科学知识。通过互动小实验，让观众明白声音的传播需要介质。

3. 从事科学推理。引导观众思考，了解声音的三要素：音强、音高、音色。通过对比实验，进一步了解影响三者的因素。

4. 反思科学。将科学与艺术结合，引导观众了解乐器中运用到的共振原理，知道共鸣对于乐器的重要性。开展互动体验，自制简单的气鸣类乐器。

5. 参与科学实践。借助于任务卡，让观众通过之前的介绍、互动，参与体验展区内其他声音类展品，感受声音的奥秘。并布置回家任务，达到参与实践的目的。

（五）组织形式

1. 活动形式：演示加互动实验。

2. 活动观众：全年龄。

3. 活动时长：30 分钟左右 / 场。

（六）注意事项

1. 辅导员演示时避免观众随意碰触实验道具。

2. 制作简易卡祖笛过程中，使用剪刀、胶带等工具时注意安全。

（七）学生手册

1. 认真听讲解，积极参与互动。仔细观看辅导员演示不同的声音实验，了解声音如何传播及影响声音的因素。

2. 积极参与讨论，认真思考、总结。

3. 根据探索任务卡，在展区进行展品深度参观体验。

（八）材料清单

1. 芝麻1瓶、保鲜膜1张、蓝牙音箱1个。
2. 纸杯4个、细绳1根。
3. 不同水量的玻璃瓶3个 。
4. 尤克里里、金属卡祖笛。
5. 粗吸管、塑料薄膜、胶带。

二、实施内容

（一）活动实施思路

从“看得见的声波”展品演示的现象说起，激发观众兴趣，从而介绍声音是如何产生及传播的。通过一系列的实验，让观众感受声音的奥秘。并引导观众思考，影响声音的各种不同因素，反思并联想到乐器，并尝试自制简易乐器。

图1 “看得见的声波”

（二）运用的方法和路径

辅导员通过讲解，互动实验演示，引导观众观察、思考、讨论，并由辅导员进行总结。

（三）活动流程指南

活动导入

1. 参观体验“看得见的声波”展项，声音是如何被“看”见的?

声音我们都听得见，可是我们能看见声音吗?

当我们拔动吉他琴弦，同时开启“频闪”光柱，调节旋钮，改变光带移动的速率，就能看到声波的波形。这也向我们演示了声波的传播特性。当“频闪”光柱的频率与吉他振动的频率相同或整倍数时，就能观看到弦振动所产生的声波波形。

活动中

●体验环节

2. 引导观众思考，声音是否具有能量，我们如何来感受它？

小实验一：跳舞的芝麻

现在，我们拿出蓝牙音箱，播放一段音乐。接着，在出声处覆盖上薄薄的一层保鲜膜，将芝麻倒在保鲜膜之上。再次播放音乐，慢慢调高音量，观察保鲜膜上芝麻的变化。此时，芝麻在保鲜膜上跳起了“舞”来，随着音乐的节奏变化，还会呈现出不同的形态。结合“看得见的声波”展项，这个现象告诉我们：声音是由振动产生的，以波的形式来传播。芝麻翩翩起“舞”正是由于音箱的振动。这样的运动方式和水波类似，有个成语叫作“随波逐流”，水波推动船只前行，也是一种能量的传播形式。

图 2　蓝牙音箱和芝麻粒

3. 声音是如何传播的？引导观众利用纸杯电话互动

小实验二：纸杯电话

两名观众各自拿一个正常的纸杯，离开一段距离，一个说话一个听，听听是否能听到对方的声音。我们会发现，当相隔一定的距离后，声音便无法传播到对方的耳朵里。将观众手中的纸杯换成另外两个特制的纸杯（两个杯子底部分别都有一个小洞，通过细绳穿过小洞，将两个纸杯连接在一起）让两位观众分开一段距离，直到将纸杯之间的绳子绷直。观众用与第一次相同的音量再次说话，相隔同样的距离，看看这次是否能够听到对方的声音。

图 3　纸杯电话

4. 声音为何会有高低不同的变化？引导观众尝试吹奏酒瓶音乐

小实验三：酒瓶音乐

拿出准备好的瓶子，向每个瓶子中倒入不同量的水。邀请一名观众上来对着瓶子挨个吹气。仔细听每个瓶子发出的声音有何不同。由于水量不同，瓶子会发出高低不同的声音。如果再多拿几个瓶子，按照比例倒入不同量的水之后就能吹奏出更多音阶了。除了吹以外，我们还能用玻璃棒敲击瓶子的方式，同样可以听到声音高低的变化。

图 4　吹奏酒瓶音乐的街头艺人

总结：关键词——振动、介质。

●探索环节

观众通过体验产生极大好奇，具备了探索的冲动，此时可以提出问题：

（1）声音是如何产生的？观众回答：因为物体发生振动。

（2）为什么在纸杯的底部连接绳子之后，我们可以清晰地听到对方的声音了呢？

（3）在不同水量的酒瓶中，我们可以通过敲击和吹奏的方式产生不同高低的声音。这些高低不同的声音和水量有什么关系？你发现了什么？

●发现环节

我们已经知道，声音是由振动产生的，并且具有能量。在纸杯电话的实验中，两个不连线的纸杯之所以听不到声音，是因为纸杯之间缺少了绳子作为传播的介质。当在两个杯子底部连接上了绳子之后，对着一个纸杯说话时，发出的声波使纸杯底部轻轻振动，这种振动通过拉紧的绳子传递到另一个纸杯的底部，也将这一振动的声波传递给了对方。声音的传播同样需要介质，我们平时说话发声时，传播的介质就是我们周围的空气了。

当对着酒瓶瓶口吹气时，如果瓶子里的水较多，空气在酒瓶中移动的距离就比较短，空气的振动就会加快，发出的声音会比较高。相反，如果瓶子里的水较少，空气在酒瓶中移动的距离比较长，空气的振动就会减缓，发出的声音就会相对低沉。同样的原理，我们也可以敲打瓶子产生不同高低的声音，但是结果却与吹瓶相反。当敲打水较多的瓶子时，水和瓶子振动慢，发出的声音较低。当敲打水较少的瓶子时，水和瓶子振动快，发出的声音较高。虽然结果不同，但这个实验告诉我们声音的高低与振动快慢有关，振动得越快音调越高，振动越慢音调越低。

实践：了解简单的弦乐器

将不同的橡皮筋在铁盘上绷直，利用控制变量法，比较不同长度、松紧、粗细橡皮筋的声音变化，尝试弹奏不同的音阶。

实验后发现，在橡皮筋松紧和粗细相同的情况下，长度越短，声音越高，长度越长，声音越低。当橡皮筋长度和松紧相同的情况下，越粗声音越低，越细声音越高。当橡皮筋长度和粗细相同的情况下，越紧声音越高，越松声音越低。这些都和橡皮筋振动的快慢有关。

虽然橡皮筋能够演奏一定的简单音阶，但是却十分单调。如果此时拿出尤克里里，弹奏一曲，你会发现，声音听上去更有立体感了。这又是为什么呢？原来秘密就藏在共鸣箱里。

图 5　尤克里里

图 6　吉他

尤克里里的发声原理和吉他类似，都属于弦乐器。与橡皮筋发出的声音对比能发现，它所发出的声音不单单是琴弦的振动，还有面板和共鸣箱所参与的共振。共振是由于两个发声频率相同的物体，如果彼此相隔不远，那么使其中一个发声，另一个也就会跟着发声，也称“共鸣”。

当手指拨动琴弦产生振动，琴弦的振动传递给了琴桥。接着，将产生两部分的共振。第一部分就是通过琴桥与琴弦相连的面板，所以为了起到加强振动的效果，尤克里里的面板必须做得薄而结实，平整的面板随着琴弦一起振动起来。第二部分发生在尤克里里的共鸣箱内，除去必要的木质支撑外，剩余部分就是空气。由于面板和共鸣箱将琴弦声音混合及放大，最后从音孔中传播出来。我们就能听到时而柔和时而明亮的乐音了。

比较卡林巴琴和尤克里里音色的区别

仔细聆听，你会发现两者的音色有所不同。卡林巴琴清脆灵动，尤克里里明亮活泼。

音色是指不同声音的频率表现在波形方面总是有与众不同的特性。不同的物体振动都有不同的特点。如同天下的树叶各有不同一样。

声音是由发声的物体振动产生的，当物体振动时会发出基音，同时其各部分也有复合的振动，各部分振动产生的声音组合成泛音。所有的不同的泛音都比基音的频率高，但强度都相当弱，所以它盖不过比较强的基音。

不同的发声体由于其材料、结构不同，发出的声音的音色也不同，例如钢琴、小提琴、长笛的声音不一样；每个人的声音也不一样。音色是声音的特点，和全世界人们的相貌一样总是与众不同。根据不同的音色，即使在同一音高和同一声音强度的情况下，我们也能区分出是不同的乐器或人声。

图 7　卡林巴琴

●反思环节

5. 自制简易卡祖笛

卡祖笛是一种极为特殊的管乐器（图 8），它通过人声哼唱发出声音，依靠自身的膜片和共鸣管将声音放大，发出类似萨克斯管般的声音。卡祖笛常用于庆典或特殊节日时的吹奏。只要能哼唱歌曲，就可以演奏，而且很快便可以掌握演奏技巧。你甚至不需要学乐理，不用背谱子，只需小小的练习。卡祖笛结构简单，一头大，一头小，演奏时把大头含在口中，不需吹气，而是用嗓子哼曲调，声带的振动会带动卡祖笛上笛膜的振动从而发声。

图 8　卡祖笛

我们也可以用喝珍珠奶茶的粗制吸管制作卡祖笛，并分别用不同的薄膜，如塑料膜、保鲜膜等自制卡祖笛。制作过程中可以比较不同笛膜音色的差异。通过实验可以进一步加深对共鸣的理解，掌握哼鸣的方法。掌握了一定的演奏技巧后，相信你也会对音乐产生浓厚的兴趣。

活动小结

6. 任务卡

活动结束后，发放任务卡，让大家根据此次的活动内容，并结合展区展品完成任务卡。

进一步体验声聚焦展项，思考在生活中有哪些类似的应用。

探究自制的卡祖笛，如何来正确演奏它？不同材质的笛膜有什么特点？除了吸管，你还能用什么材料制作简易卡祖笛，发挥你的聪明才智吧！

三、活动拓展

（一）声波灭火

声音能用来灭火，你能相信吗？原来这奥秘就是声波。声波是指发声体的振动在空气或其他介质中的传播。它虽然看不见、摸不着，但是如果频率控制在 20Hz ~ 50Hz，就可以用来灭火。利用振动的方法，产生共振的同时，会产生波节波腹，最终会使火焰附近的空气发生疏密分布的不均匀。如果火焰发生在它的稀疏区，那氧气和空气的供应就被破坏了，所以火被熄灭了。要造成空气或者氧气的供应不稳定，还可以用空气冲击的方法，产生冲击空气的源头，这就是灭火器的喷口，也就是声源的部分了。[①]

（二）共振与乐器

两个发声频率相同的物体，如果彼此相隔不远，那么使其中一个发声，另一个也会跟着发声，这种现象就叫“共振”，也称共鸣。

弦乐器是通过弹拨琴弦、击打琴弦或用琴弓拉琴弦，使之振动发声的。发声原理是：用手指弹拨琴弦，琴弦的振动会引起琴弦下盒内的空气产生振动，同时空气的振动又引起盒本身的振动，这种现象叫作共鸣。共鸣使得声音变大。所以，弦乐器都有一个共鸣箱。弦乐器的振源是频率固定的振源，它的固有频率只由琴弦的尺寸决定，而共鸣腔的共振峰范围很大，对振源可以发出的大多数频率，都可以产生良好的共振。由于琴弦本身宽度不大，所以它所引起的空气振动非常有限，然而振动可以通过琴桥传导到共鸣腔，因此共鸣腔对音质起决定作用。

管乐器的振源是频率浮动的振源，位置和气息可以使振动频率随意变化，所以频率决定权只能转交给共鸣腔，共鸣腔的长度（即管乐器的管长）决定了管乐器的发音频率。管乐器的振源就是簧片，它像人的声带一样具有一定的宽度，可以引起空气的振动，因此离开共鸣腔，簧片照样可以发出声音。所以，管乐器的音色主要取决于振源。当然，共鸣腔对振源声音的放大和修饰作用还是有的，特别是铜管乐器喇叭状的开口，这个开口可以让高频谐音得到放大，从而使音色发亮。[②]

（三）卡祖笛的奥秘

其实，谜底就藏在笛子的最上方，当把它拧开后，可以看到有一张薄膜。这张膜就是它的发声灵魂——笛膜。它外部的结构也很有意思，笛身的底部呈现了圆润的弧度。这样的设计可不仅仅是为了手感好，更重要的是产生振动时的共鸣结构。音源进出各自有一个进口和出口，这样就构成了一个整体的乐器。

而卡祖笛比较特殊并且容易上手的地方在于：它并不像其他乐器有固定频率的音高，而是通过人体自身哼鸣产生曲调来带动卡祖笛振动产生共鸣，是一种人声和材质的共振达到混音效果的气鸣类乐器。

但是，卡祖笛用吹的方式是不会发出任何声音的。而它的正确演奏方式应该是这样——我们只要用嗓子哼出小曲儿，通过声带的振动来发声。

那么问题来了，为什么有些人演奏出来就那么“辣耳朵”呢？

其实，我们人体自身就是一个最好的共鸣体。人声的情况也是如此，不是完全的空气柱共鸣，与人的鼻腔、胸腔、腹腔、口形等都有极大的关系，所以才存在先天素质的挑选

---

① 大鹏消防 . 惊呆了！声音也能灭火？实验员带你探秘定向声波灭火原理，涨知识啦！[J/OL].[2019-12-20]http://www.sohu.com/a/214968716_100003675.

② 乐器的发音原理 [J/OL].[2019-12-20]http://www.doc88.com/p-977462514294.html.

及声乐发音培训的必要。所谓的西洋唱法及民歌唱法，同是一个人，却可以唱出两种以上风格的声乐效果来，就是这些综合共鸣调整的结果。[①] 模仿秀的表现尤其能说明这个问题。随着近年来说唱类节目的大火，一些人声的 beatbox 更是人体共鸣的最好演绎。

回到我们最初的卡祖笛，为了实现充分的共鸣，我们在哼的时候尽量发出“呜”或者“嘟”的声音，这两种声音其实就是通过嗓子的振动来实现的，能很好地实现与卡祖笛的共鸣效果。当我们充分运用好了人声的共鸣后，就会有类似于萨克斯管的效果了。

卡祖笛虽然被称为最简单的乐器，却汇聚了许多共鸣的发声原理，更是一个锻炼我们正确发声方法的利器。说到这里，你还会觉得它简单吗?

（金子龙）

① 共振现象及其应用 [DB/OL].[2019-12-20]http://www.docin.com/p-1930284100.html.

潮流技术篇

CHAO LIU JI SHU PIAN

奇光异彩

一、方案陈述

（一）主题

激光性质探究与应用。

（二）科学主题

激光的单色性和单向性。

（三）相关展品

探索之光、激光测距、激光互动鱼、激光涂鸦。

（四）传播目标

1. 激发科学兴趣。从简单的现象和耐人寻味的案例展示入手，激发观众对于探索激光的学习兴趣。

2. 理解科学知识。进一步挖掘激光所具有的不同性质，帮助观众理解激光相关的科学知识。

3. 从事科学推理。引导观众从现象到本质，从实验展示中推导出激光所具备的性质。

4. 反思科学。引导观众讨论激光利用过程中可能存在的风险与挑战，并思考规避风险和解决问题的手段方法。

5. 参与科学实践。结合简单的小实验和 DIY 制作，让观众亲自参与科学实践，深入理解所学科学知识。

6. 发展科学认同。通对激光性质及其应用的探究过程，让观众感受科学知识对于日常生活的指导意义。

（五）组织形式

1. 活动形式：辅导员演示配合视频展示，外加小实验和 DIY 制作。
2. 活动观众：10 岁左右小学生。
3. 活动时长：20 分钟左右 / 场。

（六）注意事项

1. 使用激光笔时注意不要直射现场人员的眼睛。
2. DIY 制作时需要多留心学生动作，以免误吞小的零部件或者划伤身体等意外发生。
3. 看护好实验道具，防止课程参与者擅动乱拿。

（七）学生手册

1. 主动思考，积极回答辅导员提出的问题。

2. 积极互动，参与建构对激光的认知。

3. 小组配合，组装激光红外线报警器，并了解激光的其他应用。

4. 课程结束后根据任务卡的引导进一步观察思考。

（八）材料清单

1. 激光笔 2 支，便携手电筒 2 个，激光笔及手电筒对应型号电池各 3 组（充电型可免电池）。

2. 黑色纸板 3 张。

3. 亚克力或玻璃圆柱 1 根（长度 30 ～ 50cm，直径 5cm 左右）。

4. 激光红外线报警器 DIY 套组 5 套，套组对应型号电池 10 组。

5. 光学微型探究实验盒套组。

6. 任务卡若干。

二、实施内容

（一）活动实施思路

由简单的现象入手，引导观众思考背后的科学原理，通过教师讲解，结合实验展示、视频展示、动手制作等趣味方式，探究性质、总结规律，让观众在轻松愉快的氛围中掌握科学知识，享受学习的快乐。

（二）运用的方法和路径

教师讲解与实验展示、视频展示相结合，并加入动手制作的趣味环节，充分调动观众积极性。

（三）活动流程指南

活动导入

首先展示图 1、图 2 和图 3。

图 1

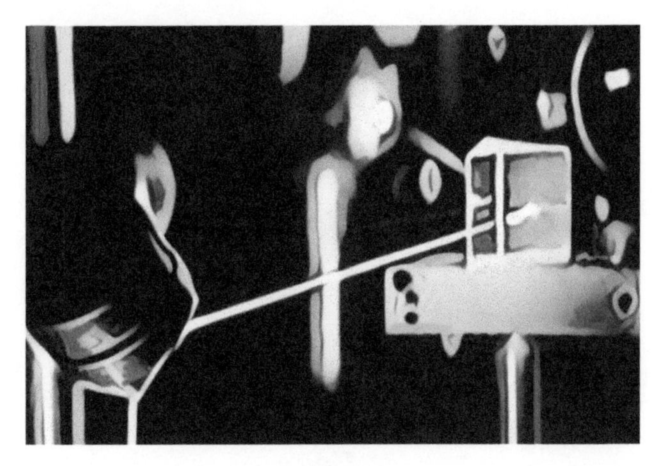

图 2

图 3

想必大家在很多影视作品中都见过激光的身影，在纵横交错、障碍重重的激光阵中，“特工”“侠盗”穿行而过，执行任务，惊险处令人不由得捏一把汗。

那么，这些激光具有什么样的特点呢？我们将通过这次活动进行了解和探究。

活动中

演示一：激光的单色性与单向性

通过该简单演示引导观众直观地感受到激光的单色性和单向性。

道具：激光笔、手电筒、黑色纸板。

操作过程：将黑色纸板平放在桌面上，分别用激光笔和手电筒在同一高度垂直照射黑色纸板，展示纸板上光斑的区别（形状、颜色）。

演示完成后，通过有奖问答的方式，引导参与者发现一束激光只有一种颜色，即单色性，并且是定向发光的，即单向性。

演示二：走近光纤

道具：光学微型探究实验盒套组。

操作过程：使用光学微型探究实验套组说明光的入射角、折射角、反射角等基本概念（图4），并展示光的全反射现象（图5），作为讲解光纤传输原理的铺垫。

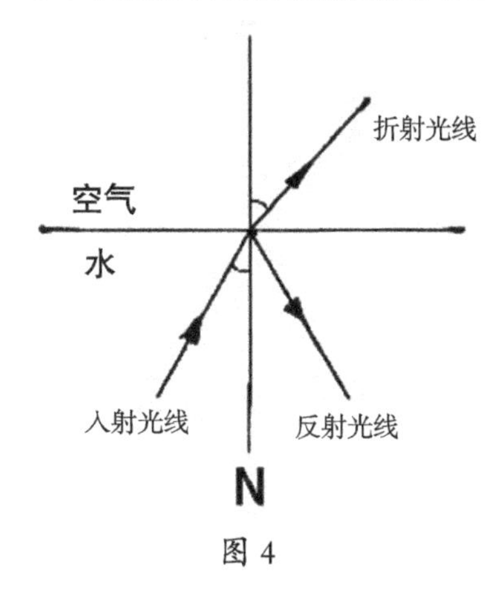

图 4

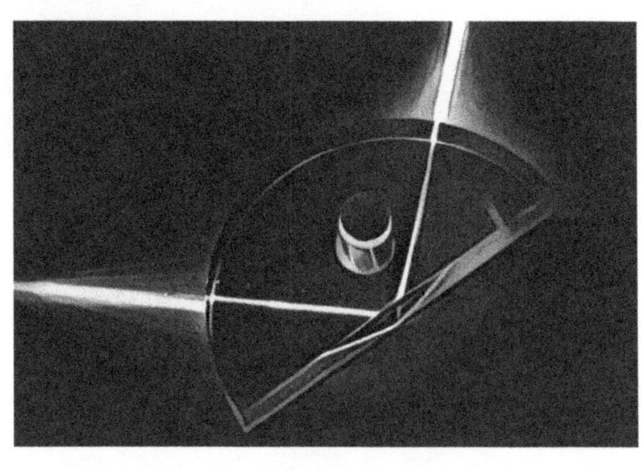

图 5

全反射又称全内反射，指光由光密介质（即光在此介质中的折射率大的）射到光疏介质（即光在此介质中折射率小的）的界面时，全部被反射回原介质内的现象。

水与空气的组合是非常典型的一对光密介质和光疏介质。

演示三：光纤原理模型

道具：激光笔、亚克力 / 玻璃圆柱。

操作过程：首先用激光笔垂直照射圆柱一面，然后稍微倾斜激光笔，此时入射角较大，接近 90°，激光发生全反射。接着继续缓缓减小入射角，可以观察到激光在圆柱内多次全反射，“弯曲”前行（图 6-1 至图 6-5）。

该实验简单直观，几秒即可观察到现象，可以让活动参与者轮流尝试操作，进一步吸引其注意力。

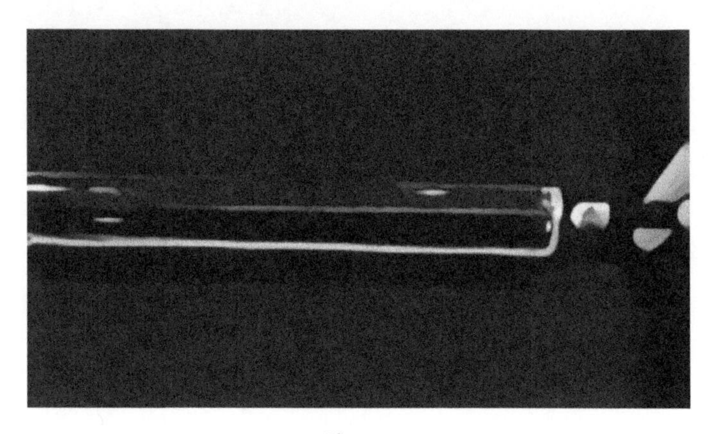

图 6-1

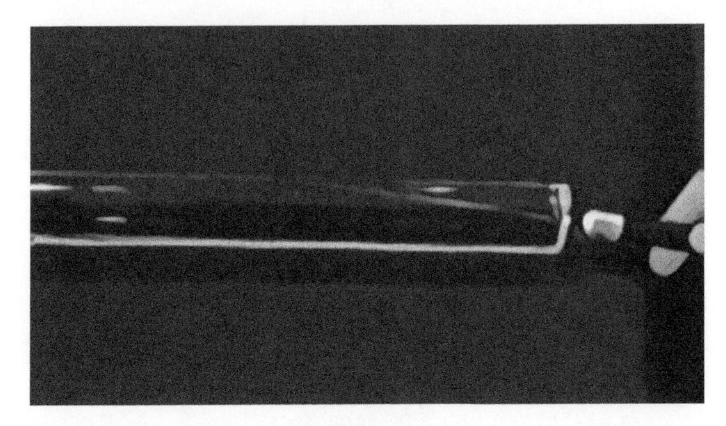

图 6-2

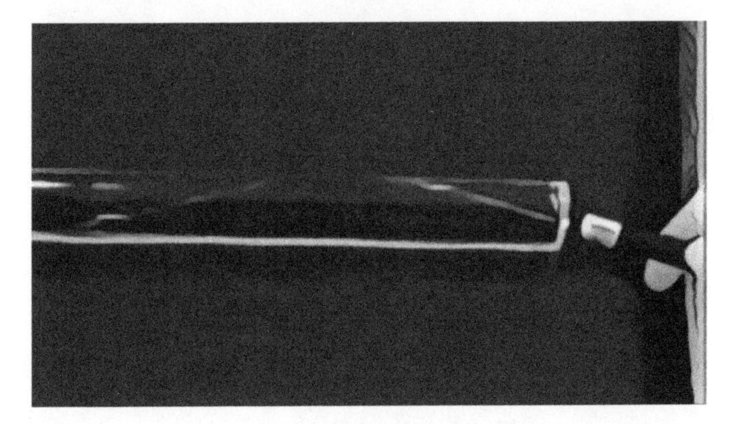

图 6-3

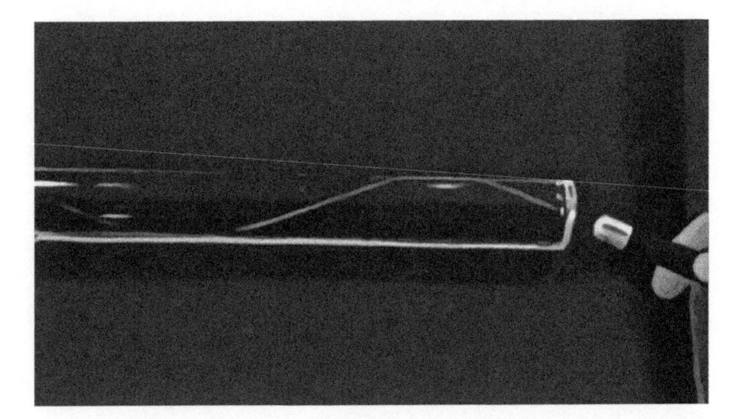

图 6-4

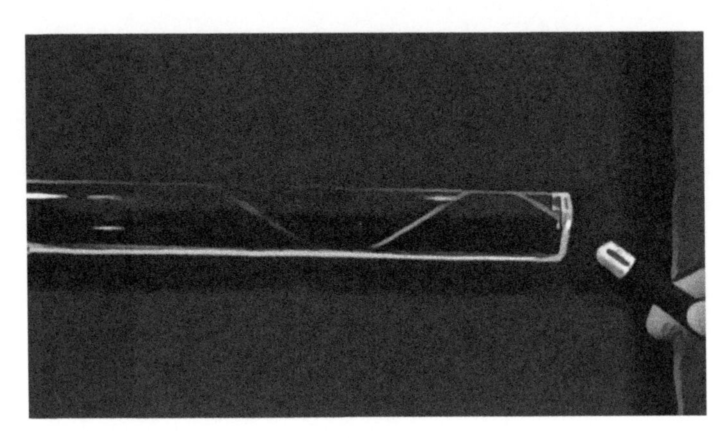

图 6-5

光纤能够长距离（甚至跨越海洋）传输信号的原因，就在于光在光纤中以全反射的形式传播（图 7），因此传输中光信号损失很小，强度得以很大程度上保存。

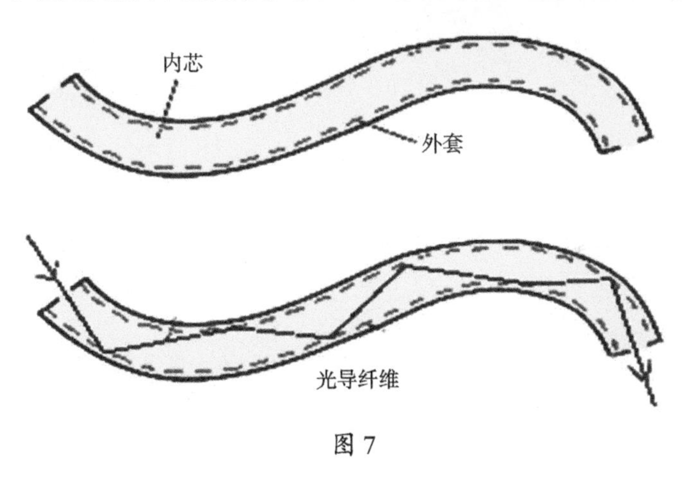

图 7

通过该实验，结合前面讲解的全反射知识，大家对于光纤这一激光的应用实例可以有直观的认知，从而引发对激光的其他应用的探究欲。

演示四：激光的产生

道具：相关视频。

在播放视频之前，先进行有奖问答，看看大家对于激光的产生原理是否有了解、了解到哪一步。

激光之所以具有上述性质，与其产生方式有密不可分的关系。

处于激发态的原子不能长时间停留在高能阶，一个原子从高能阶降到低能阶时，会放出一个光子。

原子在高能阶时受到一个光子的撞击，就会受激而放出另外一个相同的光子，变成两个光子。

在激光器中，处于激发态的原子通常被放置在两面反射镜中间，使光得以来回反射多次，受激放光的过程持续产生，则发出来的光子越来越多。

这种方式产生的光子是完全相同的，它们拥有同样的能量，所以颜色和运动方向也一模一样，这就是激光的产生方式。

体验制作：激光单向性的应用

道具：激光红外线报警器 DIY 套组（图 8-1）、电池。

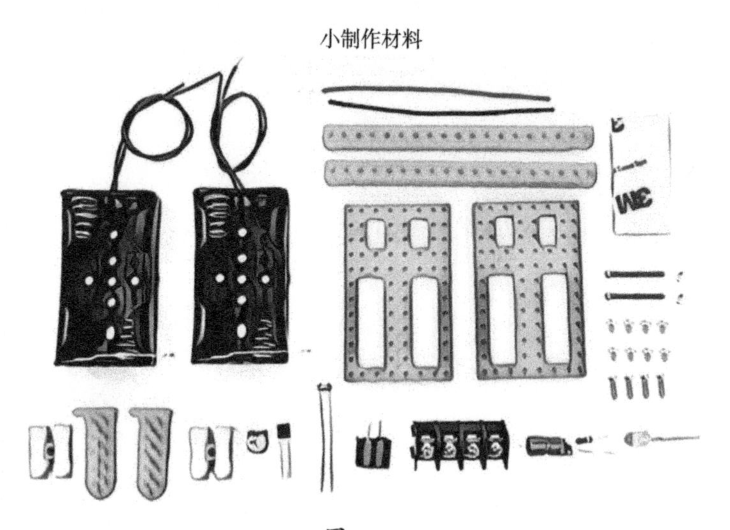

图 8-1

警报器由激光红外线发射装置与光线感应触发警报装置组成（图 8-2），工作时，激光红外线射向光感装置（光敏电阻），当有物体触碰到激光红外线后警报喇叭就会发出响声，警示灯（三极管）也会亮起。

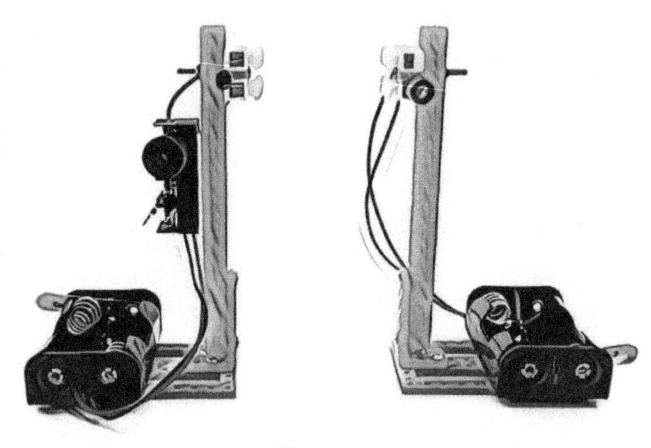

图 8-2

操作过程：预先将报警器的零散部件组装起来，形成相对完整的几大部分，让参与者体验拼装，完成后展示报警器效果，引发其对激光单向性应用的思考，借此补充拓展其他实际应用，例如激光测距、激光切割等。

该动手环节作为活动的收尾，吸引参与者留到最后，并且在制作过程中适时地重复前面提到的知识点，加深印象，并了解参与者对本次活动介绍的知识点的掌握程度。

活动小结

“激光”是生活中常见的一个词，小学生可能有大致的认知，但是没有完整和精准的概念。

本次科学列车的设计摒弃了乏味的知识灌输，通过多样的展示形式，讲解激光的性质与应用，并留给参与者充分的探索和思考空间，希望通过该活动引导学生对激光有一个较深入的了解。

任务卡

活动结束后，发放任务卡，可以让大家根据此次的活动内容，并结合展区展品完成任务卡。

（1）体验一下探索之光展区内的“激光互动鱼”“激光涂鸦”“激光测距”，观察屏幕上你看到的激光能照亮多大的范围。

（2）感受激光的应用。除了探索之光展区以外，在上海科技馆的其他展区内还有与激光有关的展品，你能把它们找出来吗？它是利用了激光的什么特点呢？

提示：比如设计师摇篮展区里的激光内雕展项，有兴趣的话可以制作属于自己的激光水晶内雕。

（3）生活中还有哪些运用激光的例子呢？回家后查资料并记录下来，也许会有意想不到的收获哦。

三、 活动拓展

（一）激光简介

激光又有着“最快的刀”“最准的尺”“最亮的光”和“奇异的激光”等称呼，其照射面积集中，可达日光亮度的 100 亿倍之多。人类社会进入 20 世纪以来，在各个科学领域有了长足的进步，激光就是这一时期的伟大发明。激光的原理早在 1916 年已被著名的美国物理学家爱因斯坦发现，但直到 20 世纪 60 年代激光才被首次成功制造。激光是在有理论准备和生产实践迫切需要的背景下应运而生的，它一问世，就获得了异乎寻常的飞快发展。

激光具有以下几种性质：

1. 单向性

生活中常见的大部分光源的光发散向各个方向，必须给光源加上特定的聚光装置，才能使所有发散的光射向同一个方向。比如：汽车的照明灯、手电筒、探照灯等，全部装有具有聚光作用的反光镜，使散射光聚集起来，向同一个方向集中射出。而由激光器生成的激光，一产生就向唯一的方向射出，发散度非常小，近乎平行，偏移量大约仅有 0.001 弧度，这样一束光要行进很长的距离才会分散或者收敛。

1962 年，人类第一次尝试使用激光照射月球，地月距离约有 38 万千米，但激光在月球表面投下的光斑只有不到 2000 米。

2. 单色性

光的颜色由光的波长（或频率）决定，一定的波长对应一定的颜色。太阳辐射出的可见光段的波长分布范围约在 0.4 ~ 0.76 微米，对应的颜色从紫色到红色共 7 种颜色，所以太阳光谈不上单色性。发射单种颜色光的光源称为单色光源，它发射的光波波长单一，比如氪灯、氦灯、氖灯、氢灯等都是单色光源，只发射某一种颜色的光。单色光源的光波波长虽然单一，但仍有一定的分布范围。如氖灯只发射红光，单色性很好，被誉为单色性之冠，波长分布的范围仍有 0.00001 纳米，因此氖灯发出的红光，若仔细辨认仍包含有几十种红色。由此可见，光辐射的波长分布区间越窄，单色性越好。[①]

激光器输出的光，波长分布范围非常窄，因此颜色极纯。以输出红光的氦氖激光器为例，其光的波长分布范围可以窄到 2×10^{-9} 纳米，是氪灯发射的红光波长分布范围的万分之二。由此可见，激光器的单色性远远超过任何一种单色光源。[②]

3. 亮度极高

激光还没有发明问世以前，高压脉冲氙灯是人工光源中亮度最高的，哪怕相比太阳的亮度也难分伯仲，而由红宝石激光器产生的激光的亮度，是氙灯亮度的几百亿倍。

因为激光的亮度极高，所以能够照亮远距离的物体。红宝石激光器发射的光束在月球上产生的照度约为 0.02 勒克斯（光照度的单位），颜色鲜红，激光光斑肉眼可见。激光亮度极高的主要原因是定向发光。大量光子集中在一个极小的空间范围内射出，能量密度自然极高。[③]

激光与阳光亮度的比值可以达到百万级。

（二）光疏介质、光密介质、光的全反射

全反射又名全内反射，指光由光密介质（即光在此介质中的折射率大）射到光疏介质（即光在此介质中折射率小）的交界面时，全部被反射回原介质内的现象。

当光射到两种介质界面，只产生反射而不产生折射的现象。当光由光密介质射向光疏介质时，折射角将大于入射角。当入射角增大到某一数值时，折射角将达到 90°，这时在光疏介质中将不出现折射光线，只要入射角大于或等于上述数值时，均不再存在折射现象，

① 激光技术的应用与发展 . 百度文库 [DB/OL].[2019-12-20]https://wenku.baidu.com/view/fa734a91312b3169a551a476.html.

② 激光技术的应用与发展 . 百度文库 [DB/OL].[2019-12-20]https://wenku.baidu.com/view/fa734a91312b3169a551a476.html.

③ 激光技术的应用与发展 . 百度文库 [DB/OL].[2019-12-20]https://wenku.baidu.com/view/fa734a91312b3169a551a476.html.

这就是全反射。[①]

产生全反射的条件是：（1）光必须由光密介质射向光疏介质；（2）入射角必须大于或等于临界角。[②]

所谓光密介质和光疏介质是相对的。两物质相比，折射率较小的，光速在其中较快的，就为光疏介质；折射率较大的，光速在其中较慢的，就为光密介质。例如，水折射率大于空气，所以相对于空气而言，水就是光密介质，而玻璃的折射率比水大，所以相对于玻璃而言，水就是光疏介质。[③]

临界角是折射角为 90° 时对应的入射角（只有光线从光密介质进入光疏介质，且入射角大于或等于临界角时，才会发生全反射）（图 9）。[④]

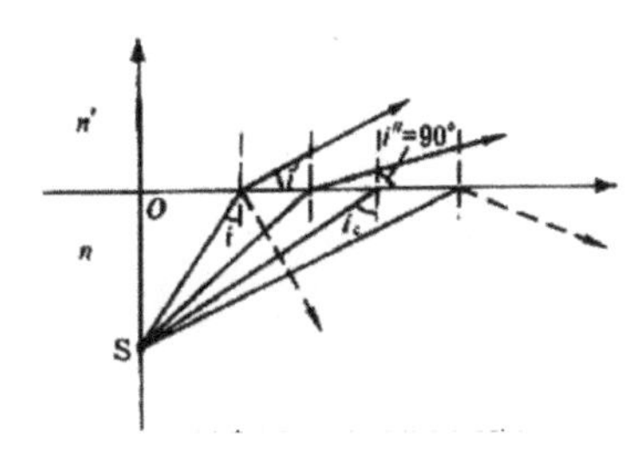

当入射角大于 io 时，光从光密介质向光疏介质折射时发生全反射

图 9

（三）激光的产生

微观粒子都具有特定的一套能级（通常这些能级是分立的）。任一时刻粒子只能处在与某一能级相对应的状态（或者简单地表述为处在某一个能级上）。与光子相互作用时，粒子从一个能级跃迁到另一个能级，并相应地吸收或辐射光子。光子的能量值为此两能级的能量差△E，频率为 $\nu = \triangle E/h$（h 为普朗克常量）。[⑤]

1. 受激吸收（简称吸收）

处于较低能级的粒子在受到外界的激发（即与其他的粒子发生了有能量交换的相互作用，如与光子发生非弹性碰撞），吸收了能量时，跃迁到与此能量相对应的较高能级。这

---

① 名词解释 . 百度文库 [DB/OL].[2019-12-20]https://wenku.baidu.com/view/a1619822cd1755270722192e453610661ed95a94.html

② 名词解释 . 百度文库 [DB/OL].[2019-12-20]https://wenku.baidu.com/view/a1619822cd1755270722192e453610661ed95a94.html.

③ 激光技术的应用与发展 . 百度文库 [DB/OL].[2019-12-20]https://wenku.baidu.com/view/fa734a91312b3169a551a476.html.

④ 名词解释 . 百度文库 [DB/OL].[2019-12-20]https://wenku.baidu.com/view/a1619822cd1755270722192e453610661ed95a94.html.

⑤ 激光规律 . 百度文库 [DB/OL].[2019-12-20].https://wenku.baidu.com/view/2048553277a20029bd64783e0912a21615797ff8.html

种跃迁称为受激吸收。[①]

2. 自发辐射

粒子受到激发而进入的激发态，不是粒子的稳定状态，如存在着可以接纳粒子的较低能级，即使没有外界作用，粒子也有一定的概率，自发地从高能级激发态（E2）向低能级基态（E1）跃迁，同时辐射出能量为（E2−E1）的光子，光子频率 ν =（E2−E1）/h。这种辐射过程称为自发辐射。众多原子以自发辐射发出的光，不具有相位、偏振态、传播方向上的一致，是物理上所说的非相干光。[②]

3. 受激辐射、激光

1917 年爱因斯坦从理论上指出：除自发辐射外，处于高能级 E2 上的粒子还可以另一方式跃迁到较低能级。他指出当频率为 ν =（E2−E1）/h 的光子入射时，也会引发粒子以一定的概率迅速地从能级 E2 跃迁到能级 E1，同时辐射一个与外来光子频率、相位、偏振态以及传播方向都相同的光子，这个过程称为受激辐射。[③]

可以设想，如果大量原子处在高能级 E2 上，当有一个频率 ν =（E2−E1）/h 的光子入射，从而激励 E2 上的原子产生受激辐射，得到两个特征完全相同的光子，这两个光子再激励 E2 能级上原子，又使其产生受激辐射，可得到四个特征相同的光子，这意味着原来的光信号被放大了。这种在受激辐射过程中产生并被放大的光就是激光。[④]

（四）光纤相关介绍

光纤全称光导纤维，是一种玻璃或塑料材质的纤维，通常用作光传导工具，是全反射现象的重要应用。由于光纤的特殊构造，光在其中传导的强度损耗对比于电在电线中的传导损耗低得多，因此，在长距离的信息传递中常能见到光纤的身影。

光纤非常纤细脆弱，一般封在塑料材质的保护套中，这样弯曲时也不会断裂。通常来说，光纤的一端是发射装置，由发光二极管或一束激光，将光脉冲传送至光纤；光纤的另一端是接收装置，由光敏元件检测脉冲信号。

另外，光纤和光缆是两个经常被混淆的概念。光纤是传输光的玻璃芯，玻璃芯外用保护结构封装，经过封装后形成的缆线才是光缆。光纤外层的保护结构由保护层和绝缘层构成，可以防止外界雨水、雷电、冰冻等对光纤造成损伤。

（齐琦）

① 激光规律 . 百度文库 [DB/OL].[2019-12-20]https://wenku.baidu.com/view/2048553277a20029bd64783e0912a21615797ff8.html.

② 激光规律 . 百度文库 [DB/OL].[2019-12-20]https://wenku.baidu.com/view/2048553277a20029bd64783e0912a21615797ff8.html

③ 激光规律 . 百度文库 [DB/OL].[2019-12-20]https://wenku.baidu.com/view/2048553277a20029bd64783e0912a21615797ff8.html.

④ 激光规律 . 百度文库 [DB/OL].[2019-12-20]https://wenku.baidu.com/view/2048553277a20029bd64783e0912a21615797ff8.html.

神箭凌霄

一、方案陈述

（一）主题

神箭凌霄。

（二）科学主题

长征 2 号 F 运载火箭是神舟系列载人飞船的专用火箭，那么它靠什么来保障航天员的安全呢？飞机因为在大气层里工作，燃烧燃料可以依靠空气，那么在没有氧气的外太空，火箭的燃料怎么燃烧呢？

（三）相关展品

长征 2 号 F 运载火箭模型。

（四）传播目标

长征 2 号 F 火箭是目前我国起飞质量最大（479.8 吨）、长度最长（58.3 米）的运载火箭，是在长征 2 号捆绑式运载火箭的基础上，按照发射载人飞船的要求，以提高可靠性确保安全性为目标研制。它是“长征”家族中的新巨人，由四枚助推器、一级火箭、两级火箭、整流罩和逃逸系统组成。展览现场有火箭燃料加注、点火后火箭内部燃料变化等演示。但是，由于设备老化，缺少演示说明等原因，观众在看好演示以后，往往不知其所以然。因此，为了能够让公众对于长征 2 号 F 运载火箭的结构有个更为清晰的了解，同时还能够清楚地阐述清楚现场演示的内容，特加入了科学列车项目。

1. 激发科学兴趣。由于现场长征 2 号 F 火箭模型可以看到火箭内部的缸体，由此引出缸体的作用，从而激发观众对于火箭结构的兴趣。

2. 理解科学知识。通过模型解剖，介绍长征 2 号 F 运载火箭的外部结构及其功能，帮助观众理解科学知识。

3. 从事科学推理。火箭和飞机燃料燃烧方式的差异，引导观众思考、推理，火箭的燃料燃烧需要些什么条件，而这些缸体内燃料会怎样变化，通过现场模型演示说明。

4. 反思科学。引导观众思考，长征 2 号 F 火箭现有的结构怎么实现其高可靠性和安全性。从而引发观众反思科学。根据现场讨论，进行总结，配合视频演示进行说明。

5. 参与科学实践。通过火箭结构任务卡，让观众通过之前的介绍、互动，根据展厅中其他火箭的图文介绍对该火箭的特点进行探究，达到参与实践的目的。

（五）组织形式

1. 活动形式：现场演示加互动实验。

2. 活动观众：全年龄。

3. 活动时长：30 分钟左右 / 场。

（六）注意事项

1. 火箭燃料演示道具每次使用前加水，使用后清理水缸。并且注意安全用电。

2. 火箭模型较重，拆装时注意放稳，不要碰撞观众。

（七）学生手册

1. 认真听讲解，积极参与互动，了解不同火箭的结构和特点，以及长征 2 号 F 运载火箭具体特征。

2. 积极参加讨论，认真思考、总结。

3. 根据探索任务卡，在展区进行展品深度观察。

（八）材料清单

1. 火箭拆装互动模型。

2. 火箭升空视频（30 秒）。

二、实施内容

（一）活动实施思路

从火箭区域长征 2 号 F 火箭模型的透明缸体功能开始激发观众兴趣。从而逐渐介绍火箭的结构。引导观众猜测在没有氧气的太空中，火箭燃料是怎么燃烧的。进行总结，并通过火箭模型演示进行解释。通过视频介绍火箭升空的完整过程，并介绍究竟是怎样的结构让它具有如此高的安全系数。通过引导观众对比探究发射神舟系列的长征 2 号 F 和发射天宫系列的长征 2 号 F 之间的结构差异。

（二）运用的方法和路径

通过辅导员讲解，模型演示，引导观众观察、思考、讨论，并由辅导员进行总结。

（三）活动流程指南

活动导入

1. 火箭内部那些缸体都有什么用？（由透明火箭火箭模型内部的缸体的作用引入，大致介绍长征 2 号 F 火箭的结构）

我们现在看到的这个透明火箭模型（图 1）就是长征 2 号 F 运载火箭（图 2）。那么你们知道箭身里的这些缸体都有什么用吗？其实它们是推进剂储箱。为了更好地帮助大家理解，我们先来了解一下火箭的结构（图 2）。火箭从下而上分别是四枚助推器、一级火箭、两级火箭、整流罩和逃逸塔，同时，这些结构都自带发动机。（图 3）

长征 2 号 F 火箭

长征 2 号 F 运载火箭是在长征 2 号运载火箭基础上，按照发射载人飞船的要求，以提高可靠性确保安全性为目标研制的运载火箭。长征 2 号 F 火箭采用两级半构型，由 4 个助推器、芯一级、芯二级、飞船整流罩、逃逸塔组成，是国内目前长度最长，起飞质量最大的运载火箭。

图 1

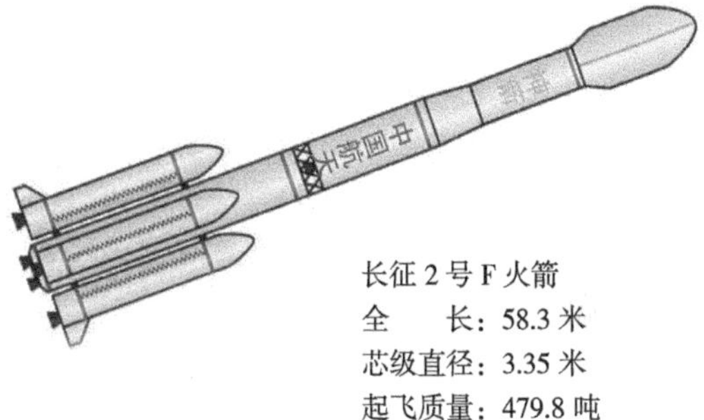

图 2

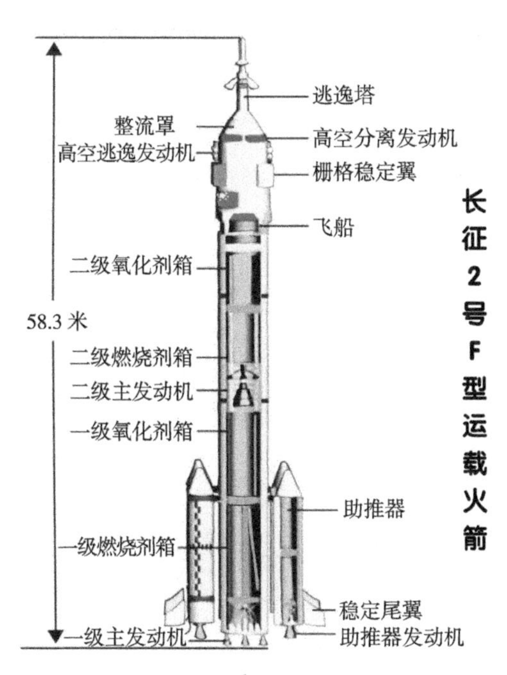

图 3

活动中

2. 引导观众猜测在没有氧气的太空中，火箭燃料是怎么燃烧的。进行总结，并通过现场火箭模型演示

火箭的发动机是自带推进剂（燃料和氧化剂）的，其工作不依赖外界空气的喷气发动机。其他喷气发动机，如飞机上使用的空气喷气发动机，只携带燃料，燃料燃烧所需的氧要从大气中获取，因而只能在大气层中工作。由于火箭既携带了燃料，又携带了氧化剂，所以火箭发动机在真空的太空中也能工作，并成为使火箭能够航天飞行的动力。

图 4

大家可以看到在火箭模型一级箭体中有两个透明的箱体（图 4），分别存放了燃料偏二甲肼和氧化剂四氧化二氮。演示开始以后，缸体中的液面高度上升。这代表火箭点火前进行化学推进剂加注。点火以后，两个缸体里的液面同时减少。这是因为点火后，偏二甲肼和四氧化二氮发生了化学反应。反应所产生的能量形成巨大推动力，将火箭推向高空。

由于偏二甲肼毒性较大，有腐蚀性，一旦错过了火箭发射的“气象时间窗”一段时间后，就必须更换火箭箭体。这也就是为什么一般在火箭升空前 24 ~ 48 小时，才往箭体中加注燃料。

相信大家不禁会有疑问，既然偏二甲肼有毒性，那么每发射一次火箭岂不是要往外界释放出很多毒性气体呢？其实并不然，因为偏二甲肼和四氧化二氮反应生成的气体是二氧化碳、氮气和水汽，当然是无毒的。

3. 观看视频介绍火箭升空的整个过程以及级间脱离过程（以天宫系列宇宙飞船为例）

升空过程

火箭将天宫送到预定轨道，大约需要 585 秒的时间，起飞后的 12 秒，火箭将不再垂直向上飞行，而是拐一个弯，这个动作叫作程序转弯，主要是要沿着地球的倾斜度来飞行，节省火箭的燃料。接下来，飞行到 155 秒，火箭 4 个助推器燃料耗尽，与火箭主体脱离。160 秒，一级火箭燃料耗尽，一、二级火箭分离，火箭二级发动机启动。210 秒，二级火箭带着天宫飞出大气层，保护航天器的顶部整流罩也结束了自己的使命，同样也要被火箭抛掉。582 秒，火箭二级发动机在燃料用尽后停止工作，3 秒以后，船箭分离，火箭将天宫送到预定轨道，火箭的使命也就结束了。

级间分离

长征 2 号 F 载人火箭的级间分离时由控制系统发出一、二级分离和二级发动机点火指令，级间分离面上的 14 个爆炸螺栓同时引爆，使级间连接解除，已点火的二级发动机推动二级火箭加速向前飞行，而二级发动机喷出的高速燃气流喷射在一级氧化剂箱前底上，增加了一子级箭体飞行的阻力，从而迫使一子级箭体离开火箭。

4. 思考，发射神舟系列的长征 2 号 F 和发射天宫系列的长征 2 号 F 一样吗？（图 5）

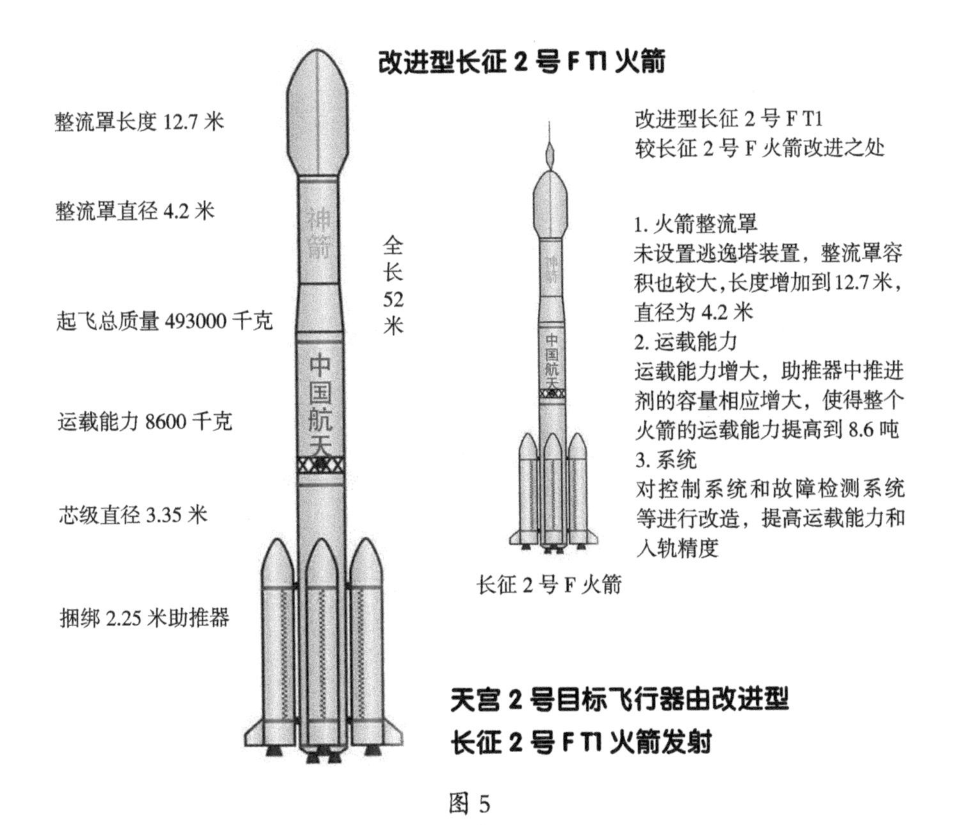

图 5

执行天宫 2 号空间实验室和神舟 11 号载人飞船发射任务的，是分别来自长征 2 号 F 的“T”系列和“Y”系列的“同胞兄弟”。除了长度、起飞重量等差异，它们还有如下不同。

（1）一个运货一个载人。其中，“T”系列用于发射目标飞行器及空间实验室，“Y”系列用于发射神舟飞船。

（2）一个力气更大，一个飞得更稳。长征 2 号 F“T”系列火箭运载能力从 8.1 吨提升至 8.6

吨，力气更大。而长征 2 号 F“Y”系列火箭因为要搭载航天员，主要在“稳”上做文章，能让航天员出行舒适、旅途愉快。

（3）火箭整流罩的形状也不同。“T”系列火箭头部长度更长、直径更大，能将体积更大的载荷包裹其中。

（4）一个有逃逸塔，一个“光头”。“Y”系列是载人火箭，相比运货的“T”系列火箭，最大的不同就是头顶上多了个尖尖的“逃逸塔”。

逃逸系统

那么逃逸系统是怎么保障安全的呢？在火箭起飞前 900 秒到起飞后 120 秒时间段内，也就是飞行高度在 0 ~ 40 千米时，万一火箭发生故障，逃逸塔可以拽着轨道舱和返回舱与火箭分离，并降落在安全地带；逃逸塔分离后到抛整流罩前（40 ~ 110 千米）出现故障由整流罩上的高空分离发动机逃逸；抛整流罩到飞船入轨前（110 ~ 200 千米）出现故障飞船可以直接和二级火箭分离，紧急返回。

因此长征 2 号 F 的逃逸系统（故障检测处理系统的执行机构）和故障检测系统（参数检测、判断，在发现火箭出现重大故障时发出逃逸指令，并按逃逸模式执行逃逸指令）使火箭的可靠性达到了 97%，运送航天员的安全性达到了 99.7%。

5. 有没有可回收的火箭？

2015 年 11 月 24 日，亚马逊创始人贝索斯旗下太空公司蓝色起源（图 6），将 New Shepard 太空火箭发射到计划高度，随后火箭成功地返回发射场。

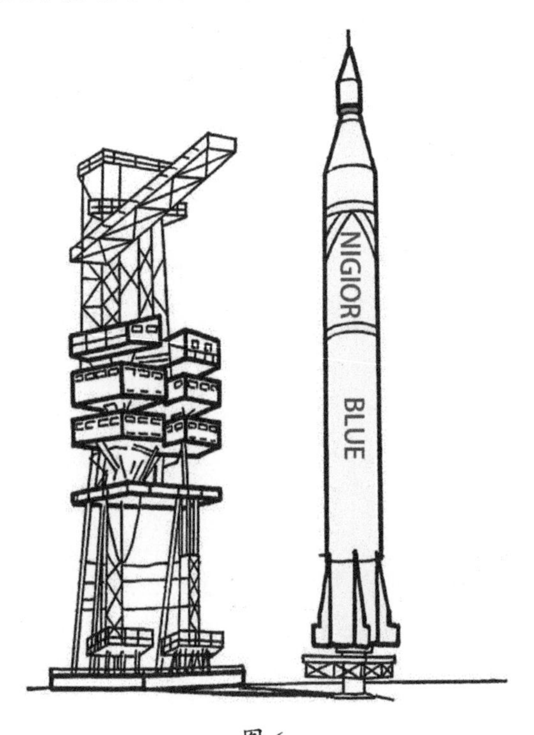

图 6

同年，美国当地时间 12 月 21 日晚间，特斯拉创始人马斯克旗下公司美国太空探索技术公司 Space X，发射了 Falcon 9 火箭（猎鹰 9 号）并成功将第一级火箭回收，这是人类第一个在实现有效载荷入轨后可实现一级火箭回收的运载火箭。

在美国东部时间 2017 年 10 月 30 日下午 3 点 34 分，Space X 的一枚两级猎鹰 9 号火箭（图 7）从美国宇航局下属肯尼迪航天中心发射升空，将韩国通信卫星 Koreasat-5A 送入预定轨道。

发射后大约 8.5 分钟，猎鹰 9 号火箭的第一级降落在 Space X 的无人船 Of Course I Still Love You 上。虽然在着陆后不久，助推器的底座引发了大火，但 Space X 迅速将其扑灭。虽然有点儿小瑕疵，但第一级的情况仍然完好无损。

与此同时，猎鹰 9 号火箭的第二级继续为 Koreasat-5A 提供动力，包括在遥远的地球同步轨道上变轨，最终这颗卫星在发射后 35.5 分钟内部署完成。这是 Space X 在轨道发射过程中第 19 次成功着陆。

图 7

那么我国可回收火箭技术进展如何呢?

中国运载火箭技术研究院研发中心的可回收火箭项目始于 2011 年，和 Space X 公司提出的可回收火箭研发计划几乎是同一时间。中国运载火箭技术研究院研发中心在开展可回收火箭项目研发之初，便调研了国内外在可回收火箭方面的一些相关公司的研发状况。分析国内外研究方案，火箭的回收方式一般有 3 种：降落伞式、垂直降落式以及给火箭安装“翅膀”的方式。

中国运载火箭技术研究院研发中心目前采用“两条腿走路”的方式，即采用“降落伞 + 气囊”和垂直降落两种方式进行研发。并且在 2015 年 11 月下旬，成功完成了运载火箭子级回收群伞空投试验。

目前中国航天科技集团正联合国内优势机构共同合作研制可重复使用运载器，并计划于 2020 年左右首飞。

活动小结

6. 任务卡

（1）请参观“宇航天地”展区，找出哪些卫星和飞船的舱体是可以回收的。除了我们现场展示的，大家想想还有什么是航天器是可以回收或者部分回收的?

（2）如果你是火箭工程师，你觉得未来的火箭会是什么样的?

三、活动拓展

（一）俄罗斯质子号火箭（图 8）

质子号火箭是 20 世纪 60 年代以来苏联及俄罗斯主要的运载火箭之一。因为存在结构性问题导致发射成功率不突出（1965–1994，成功率 84%）及使用剧毒液体燃料造成的严重污染问题，而被取代（安加拉号）。

它有二级型、三级型和四级型等 3 种火箭，共包括 5 种型号，具有一箭发射多星的能力。四级型火箭（质子 –K）曾用于发射礼炮号空间站（1 ~ 7 号）、和平号空间站、月球探测器等。四级型质子号火箭全长 57.2 米，最大直径 7.4 米，起飞质量 686 吨，起飞推力 902 吨，月球轨道运载能力 5.7 吨（ 金星轨道 5.3 吨、火星轨道 4.6 吨）。三级质子号火箭低轨道运载能力为 21 吨。

图 8

图 9

（二）美国土星 5 号火箭（图 9）

它是为美国阿波罗飞船登月研制的专用火箭。1962 年开始研制，1967 年 11 月 9 日首次飞行，1973 年 5 月末次飞行将天空实验室 1 号送入近地轨道，实际发射 17 次，成功率 100%。曾于 1969 年 7 月 16 日将第一艘载人登月飞船“阿波罗 11 号”送上了月球轨道。至 1972 年 7 月为止，共 7 次成功发射载人登月飞船，其中 6 艘飞船成功登月，将 12 名航天员送上月球。而美国宇航员阿姆斯特朗，就幸运地成为第一位登上月球的地球人，当时和他一起登月的另一名宇航员是奥尔德林。

它是人类史上使用过的自重最大的运载火箭，高达 110.6 米，起飞重量 3038.5 吨，总推力达 3408 吨，月球轨道运载能力 45 吨，近地轨道运载能力 118 吨，是多级可抛式液体燃料火箭。

（三）长征 3 号甲火箭（图 10）

长征 3 号甲火箭是一种新型液体燃料三级火箭，是我国同步轨道运载火箭的基本型，先后将东方红 3 号等 9 颗卫星送上了地球同步转移轨道。

它继承了长征 3 号的成熟技术，一、二级使用常温可贮存燃料，三级使用液氢、液氧低温高能燃料。1994 年 2 月 8 日，在西昌发射中心，长征 3 号甲火箭首次发射，“一箭双星”，将实践 4 号与夸父 1 号一起送上同步轨道，至 2016 年 3 月 30 日成功将第 22 颗北斗导航卫星送入太空，共发射 25 次，成功率 100%。其间，于 2007 年 10 月 24 日将我国首颗探月卫星“嫦娥 1 号”送入太空。

（四）长征 2 号 E 火箭（图 11）

长征 2 号 E 为捆绑式火箭，在第一级箭体周围并联捆绑了 4 个液体助推器。它是我国

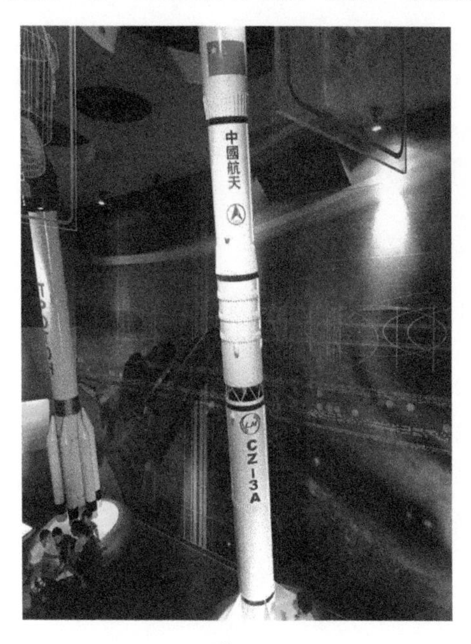

图 10

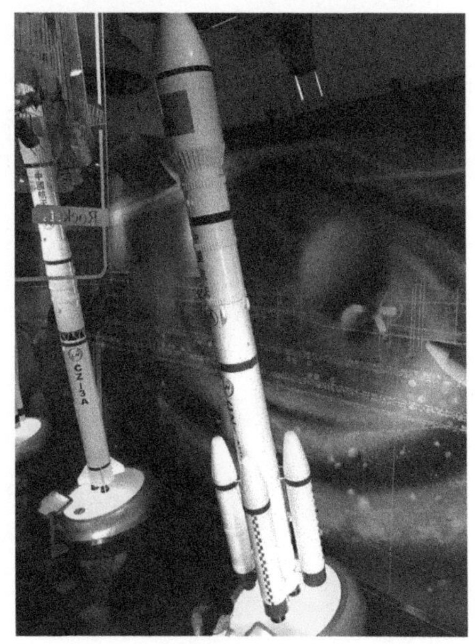

图 11

第一枚采用先进的捆绑技术制造的火箭，是我国低轨道运载能力最大的火箭。

1994 年 8 月 28 日，长征 2 号捆火箭首次发射澳星成功，1995 年 11 月与 12 月，又连续二次发射亚洲 2 号和艾科达 1 号通信卫星成功。长征 2 号捆火箭为长征 2 号 F 火箭的研制奠定了重要技术基础。

（五）长征 2 号 F 火箭

长征 2 号 F 火箭是我国为了神舟系列飞船专门研制的火箭。长征 2 号 F 火箭是目前我国起飞质量最大（479.8 吨）、长度最长（58.3 米）的运载火箭，是在长征 2 号捆绑式运载火箭的基础上，按照发射载人飞船的要求，以提高可靠性确保安全性为目标研制。一般长征系列运载火箭的可靠性为 92%，而长征 2 号 F 达到了 97%。火箭上增加了故障检测系统（参数检测、判断，在发现火箭出现重大故障时发出逃逸指令，并按逃逸模式执行逃逸指令）和逃逸系统（故障检测处理系统的执行机构，处于火箭最前端的尖状物），使运送航天员的安全性达到了 99.7%。

1992 年开始研制，1999 年 11 月 19 日首次发射并成功将中国第一艘实验飞船“神舟 1 号”送入太空。至 2016 年年底，我国用长征 2 号 F 火箭已成功地发射了 11 艘神舟号飞船，2 个天宫实验室，并将我国第一位航天员杨利伟送上了太空。

（六）故障检测系统

参数检测、判断，在发现火箭出现重大故障时发出逃逸指令，并按逃逸模式执行逃逸指令。

（七）逃逸系统

故障检测处理系统的执行机构，处于火箭最前端的尖状物。在火箭起飞前 900 秒至起飞后 120 秒时间段内，也就是飞行高度在 0 ~ 40 千米时，万一火箭发生故障，它可以拽着轨道舱和返回舱与火箭分离，并降落在安全地带；逃逸塔分离后到抛整流罩前（40 ~ 110 千米）出现故障由整流罩上的高空分离发动机逃逸；抛整流罩到飞船入轨前（110 ~ 200 千米）出现故障飞船可以直接和二级火箭分离，紧急返回。

（李渊渊）

从天而降

一、方案陈述

（一）主题

降落伞。

（二）科学主题

载人飞船完成任务要返回地球，进入大气层后要打开降落伞再着陆。那么这个降落伞和我们普通的降落伞有什么区别吗？降落伞利用了空气阻力，来减缓物体下降的速度，有哪些因素会影响到降落伞的下降速度？降落伞最早又是由谁发明的呢？

（三）相关展品

神舟 5 号飞船返回舱模型。

（四）传播目标

载人飞船完成预定任务后，载有航天员的返回舱要返回地球，整个返回过程需要经过制动离轨、自由下降、再入大气层和着陆 4 个阶段。其中着陆阶段要打开降落伞来减慢下降速度。通过着陆过程介绍让观众了解飞船返回舱所使用的降落伞的结构和功能，并且引导观众运用控制变量法来探究降落伞下降的速度和什么因素有关。了解降落伞的发展历程。

1. 激发科学兴趣。介绍返回舱返回地球的过程，激发观众对于返回舱降落伞的兴趣。

2. 理解科学知识。结合返回舱着陆过程介绍返回舱降落伞的结构和特点，帮助观众理解科学知识。

3. 从事科学推理。带领观众使用控制变量法思考、推理哪些因素会影响到降落伞的降落速度。

4. 反思科学。引导观众进一步反思，降落伞伞面的不同材料、形状是否会对降落伞的降落速度有影响。

5. 参与科学实践。鼓励观众回去利用家中材料自制降落伞，达到参与实践的目的。

6. 发展科学认同。通过介绍降落伞的变迁，发展观众的科学认同感。

（五）组织形式

1. 活动形式：现场演示加互动实验。
2. 活动观众：全年龄。
3. 活动时长：30 分钟左右 / 场。

（六）注意事项

1. 注意投掷降落伞时的姿势，并且做到同时投掷。

（七）学生手册

1. 认真听讲解，积极参与互动，了解返回舱的返回过程以及降落伞的各种知识。
2. 积极参加讨论，认真思考、总结。
3. 根据探索任务卡，回家进行探究实验。

（八）材料清单

4 个简易降落伞：
1. 标准伞面、标准伞绳、标准重物。
2. 小伞面、标准伞绳、标准重物。
3. 标准伞面、长伞绳、标准重物。
4. 标准伞面、标准伞绳、重重物。

二、实施内容

（一）活动实施思路

从介绍返回舱返回地球的过程开始激发观众对于返回舱降落伞的兴趣。结合返回舱着陆过程介绍返回舱降落伞的结构和特点。带领观众使用控制变量法思考、推理哪些因素会影响到降落伞的降落速度。并进一步反思，降落伞伞面的不同材料、形状是否会对降落伞的降落速度有影响。通过介绍降落伞的变迁，发展科学认同感。最后发放任务卡，鼓励观众回去利用现有材料根据要求自制降落伞，进行实践探究，达到参与实践的目的。

（二）运用的方法和路径

通过辅导员讲解、图文介绍、实验操作引导观众观察、思考、讨论，并由辅导员进行总结。

（三）活动流程指南

活动导入

1. 返回舱在完成任务以后是如何返回地球的呢?

（1）介绍神舟 5 号飞船的 1:1 模型（图 1）

图 1

真实的神舟 5 号总长 8.86 米，总重 7790 千克。飞船由轨道舱、返回舱、推进舱和附加段构成。

返回舱是航天员的座舱，是载人飞船的核心舱段，也是整个飞船的控制中心。返回座舱不仅和其他舱段一样要承受起飞、上升和轨道运行阶段的各种应力和环境条件，还要经受再入大气层和返回地面阶段的减速过载和气动加热。

（2）返回舱返回过程

飞船完成预定任务后，载有航天员的返回舱要返回地球，整个返回过程需要经过制动离轨、自由下降、再入大气层和着陆 4 个阶段。

其中，返回舱从打开降落伞到着陆这个过程称为着陆段。随着高度的降低和速度的减小，返回舱所受到的气动阻力与地球引力渐趋平衡，返回舱以大约每秒 200 米的均速下降。但如果返回舱以这个速度冲向地面，后果将不堪设想，所以必须使返回舱进一步减速。在距地面 10 千米左右高度，返回舱的回收着陆系统开始工作，先后拉出引导伞、减速伞和主伞，使返回舱的速度缓缓下降，并抛掉防热大底，在距地面 1 米左右时，启动反推发动机，使返回舱实现软着陆。为增加着陆的可靠性，返回舱上除装有主降落伞系统外，还装有面积稍小的备份降落伞系统。一旦主降落伞系统出现故障，可在规定高度应急启用，使返回舱安全着陆。

活动中

2. 那么飞船所使用的降落伞和普通降落伞一样吗？它有什么特点呢？

（1）独特的设计方式

图 2

载人飞船返回舱用的降落伞（图 2）外形和人们日常用的雨伞相似，都是利用气动阻力减速，两者主要的区别在于返回舱降落伞系统更复杂，伞衣和伞绳使用的材料都是经过了精挑细选，不仅轻薄，而且安全可靠。

另外，降落伞面积越大减速效果越好。例如，俄罗斯联盟号载人飞船的返回舱重 2.9 吨，降落伞展开后尺寸足有1000平方米，如果从伞顶把它拎起来，伞衣有30米长，加上伞绳足有70多米长。

别看返回舱用的降落伞大，可它重量只有不到100千克。这么大的降落伞，如果用普通降落伞材料制成，根本无法实现轻小的目标。因此，科研人员们精心挑选了高强度芳纶纤维来制作伞布和伞绳，让它薄如蝉翼却异常结实。

每根降落伞的伞绳的直径只有几毫米，却能承受数十千克的拉力，让2.9吨重的联盟号飞船返回舱安全着陆。

返回舱的降落伞不仅要兼顾轻薄，还要经过特殊的耐热处理，可以承受400℃的高温，防止返回舱与大气层摩擦产生的热烧坏降落伞。

（2）多把伞需依次打开

返回舱返回时，它的降落伞到底怎么使用呢？以俄罗斯的联盟号载人飞船为例，返回舱以超高速再入大气层后，摩擦产生高温并形成黑障，大约20分钟后飞出黑障区，在下降到距离地面12千米高度时，速度降低到240米/秒。

随着返回舱高度进一步下降，就轮到降落伞大显身手了。虽然，联盟号飞船返回舱的主伞面积高达1000平方米，但这样大的主伞不能一次全部打开，否则轻薄的大伞直接就被空气冲破，飞船会狠狠地砸在地面，造成航天员伤亡。因此，联盟号飞船的降落伞携带有多把伞，并按程序依次打开。

当返回舱降低到10千米高度时，伞舱盖上的空气静压传感器发出弹射指令，伞舱盖和附带的一具小引导伞和大引导伞先后展开，随后再拉出14平方米的减速伞。这些伞依次打开后，返回舱的下降速度逐步降低到90米/秒。

当返回舱的高度降低到7.5千米时，主伞从伞舱弹出，经过预定时间延迟，部分打开后，返回舱降低到大约5.5千米高度，其速度下降到35米/秒时，火工切割刀自动切断收口绳，让1000平方米的巨大主伞彻底展开。此时，返回舱下降速度逐步降低到6米/秒左右，在着陆前启动舱底的制动火箭，让速度降低至2～3米/秒，最后安全着陆。

（3）减少阻力3要素（这段可以简单提到，因为后面的任务卡有具体的思考任务）

① 伞顶孔洞。降落伞利用空气阻力减速，开一个大孔不是减少阻力了吗？最早的降落伞还真没这个孔，在实际使用中发现，降落伞会像钟摆一样晃个不停，更有一些降落伞打开就被空气阻力撕裂。为了解决这个问题，科研人员在降落伞中央加上了孔口设计，让空气从下到上有一个通路，降落伞就会平稳下降。

② 逐次打开降落伞。返回舱携带的降落伞不能一次打开，否则空气阻力会撕破降落伞。为了降低开伞时造成的冲击，返回舱的降落伞不仅使用了引导伞和减速伞，还让降落伞按照预定设计逐级打开，通过延长充气展开时间来减少开伞冲击。

③ 上千条小伞布拼接。虽然降落伞主伞看上去是一整块，但近距离看却是由一千多条小伞布拼接而成，构成一个个同心圆环，相邻每环伞衣之间留有宽度不同的缝隙，空气可以从这里流过，从而减少阻力。

3. 实验：我们都知道降落伞是利用了空气的阻力使人或物从空中安全降落到地面的一

种航空工具。那么大家不妨想想，有些什么因素会影响降落伞的下降速度？

我们先来看看降落伞的结构（图3）。

大家请看这个简易的降落伞。由伞衣、伞绳和重物三部分组成。

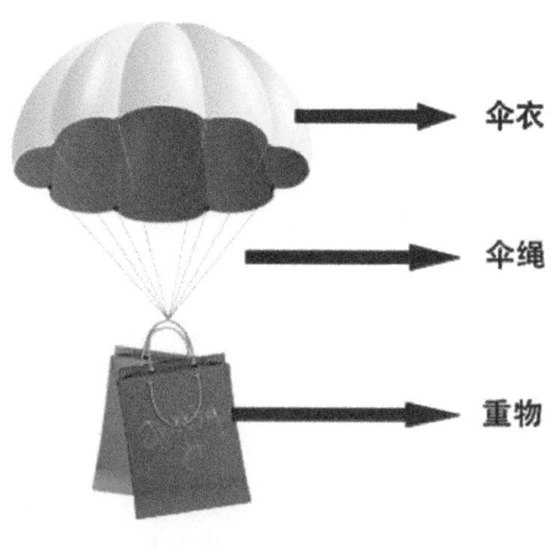

图 3

那么下面我们就来研究一下哪些因素会影响到降落伞的下降速度。下面是一个自制降落伞。（图4）

图 4

使用控制变量法，更换变量伞面大小、伞绳长短、重物轻重，逐次进行实验，可以得到如下结果。（表1）

表 1 实验结果记录

固定变量	变量	下降速度
伞绳、重物相同	伞面大	慢
	伞面小	快
伞面、重物相同	伞绳长	慢
	伞绳短	快
伞面、伞绳相同	重物重	快
	重物轻	慢

4. 降落伞到底是由谁发明的呢?

达·芬奇是第一个绘制降落伞草图的人，可是你知道吗，早在达·芬奇之前的 1500 年，中国人已经发明了降落伞！

早在公元前 100 年西汉时代的《史记·五帝本纪》中，司马迁就有了关于降落伞原理应用的详细记载，这是人类最早应用降落伞原理的记载。后来，相传公元 1306 年前后，在元朝的一位皇帝登基大典中，宫廷里表演了这样一个节目：杂技艺人用纸质巨伞，从很高的墙上飞跃而下，由于利用了空气阻力的原理，艺人飘然落地，安全无恙，这可以说是最早的跳伞实践了！

活动小结

5. 任务卡

活动结束后发放。让大家根据此次列车的活动内容完成任务卡。

（1）不论是军人用的降落伞，还是我们在景点尝试的滑翔伞，在伞的中间部分都有一个洞。降落伞为什么要在中间开一个洞？这个洞有什么作用呢？

（2）降落伞伞面的形状，有的是方形的，有的是圆形的，那么不同的伞面形状对降落伞的降落都有什么区别呢？大家不妨回去用家里的材料做几个简易降落伞，再运用“控制变量法”做个小实验吧！

三、活动拓展

（一）世界上最大的太空飞船返回舱降落伞是中国的“神舟”系列

神舟系列的降落伞面积有 1200 平方米，伞衣有 30 多米长，加上伞绳总共将近 80 米长。虽然面积大，但收起来时必须小，以尽可能少占用“寸土寸金”的返回舱内空间。当返回舱下降到距离地面 15 千米时，下降速度大概在每秒 200 米左右，此时准备打开降落伞以进一步减速。

不过，降落伞可不能一下子就打开，不然会被气流吹破。先放出一个小的引导伞，十几秒后，返回舱的速度下降到每秒 80 米，再释放减速伞进一步减速，随后再拉出降落伞。经过这番减速“接力”，下降速度仍然很快，还需返回舱自己减速。

于是在距离地面 1 米时，返回舱的缓冲火箭点火，将落地速度降到每秒 1 ~ 2 米。此时，降落伞必须跟返回舱说“拜拜”了。否则一旦遇到大风，降落伞会拖着返回舱在地面上滚动，对舱内的航天员有危险。所以在返回舱落地前 4 秒，降落伞上的切割器会迅速切断所有伞绳，让降落伞自由飘落，返回舱就能稳稳地落在地面上，航天员就可以在里面静待地面人员的接应了。

（二）降落伞①

降落伞是利用空气阻力原理，依靠相对于空气运动充气展开的可展式气动力减速器。现代的降落伞是使人或物从空中安全降落到地面的一种航空工具，主要由柔性织物制成，是空降兵作战和训练、航空航天人员的救生和训练、跳伞运动员进行训练、比赛和表演、空投物资、回收飞行器的设备器材。

降落伞俗称“保险伞”。降落伞广泛用于航空航天领域，主要用途有：

1. 应急救生。主要用于飞机失事时拯救飞行员的性命。

2. 稳定作用。保持飞机弹射椅的姿态稳定，空中加油机的加油器稳定。

3. 减速作用。飞机着陆时的刹车减速以及各种航弹伞的滞空减速。降落伞能使飞机着陆滑行由 2000 多米缩短至 800 ~ 900 米。

4. 回收作用。用于飞行器的空中回收，诸如无人驾驶飞机、试验导弹、运载火箭助推器、高速探测器以及返回式航天飞行器的回收等。还有宇宙飞船和热气球探测器上设备的回收。

5. 空降空投。伞兵空降，以及各种物资和武器的空投。

6. 航空运动。如空中跳伞、山坡滑翔、悬挂翼滑翔、动力飞行以及牵引升空等运动。

降落伞的主要组成部分有伞衣、引导伞、伞绳、背带系统、开伞部件和伞包等。由降落伞绸（早期曾用丝绸、棉布，现用锦纶织物制作）、伞绳、伞带和伞线等纺织材料以及部分金属件及橡胶塑料件构成。伞绳采用空芯或有芯的编织绳，要求结构紧凑、强度高、柔软、弹性好、伸长不匀率小。伞带用作伞衣加强带和背带系统。伞绳是伞衣的骨架，要求具有轻薄、柔软、强度高、有较高的弹性模量和小于伞衣织物的断裂伸长等性能。伞带采用 2 层或 3 层织物的厚型带，要求具备很高的强度和断裂功。伞线是缝合降落伞绸、带、绳各部件的连接材料，要求强度高、润滑好和捻度均匀稳定。

由于降落伞中 2/3 的材料是由纺织材料构成的，降落伞的性能与纺织材料密切相关，纺织材料在航空领域的应用，已逐渐形成一个独特的门类。降落伞所用纺织材料开始时采用蚕丝、长绒棉和优质麻，后被锦纶丝所取代，随着芳族聚酰胺纤维凯夫拉 -29 纤维及超高分子量聚乙烯纤维的出现，降落伞的性能不断提高和加强。降落伞用织物的性能除决定于纤维材料外，在很大程度上还取决于其织物的组织结构，大多采用平纹组织并增加经纬

① 降落伞 . 百度百科 [DB/OL].[2019-12-20]https://baike.baidu.com/item/%E9%99%8D%E8%90%BD%E4%BC%9E/80773?fr=aladdin.

密度或是在平纹组织的基础上加用较粗的纱线在织物上形成格子外观等办法来提高织物的强度和抗撕裂性能，改善手感。

（三）降落伞的分类①

随着高科技的不断发展，降落伞作为一种空中稳定减速器，已发展成为独立的体系。由于降落伞使用范围广，种类多，分类方面也各不相同。如按使用对象来分，可分为：航空兵用伞（救生伞、训练伞、刹车伞等）；空降兵用伞（伞兵伞、特种专用翼伞、工作伞、备份伞。投物伞等）；防空兵用伞（航空照明弹伞、炮兵照明弹伞等）；尖端配套用伞（导弹回收伞、火箭回收伞、宇宙飞行用伞等）；民用伞（运动伞、空脱伞、牵引升空伞、表演伞等）。也有按结构形状把降落伞分为方形、圆形、双锥形、带条形、导向面型以及旋转型等。

根据降落伞的用途和特点，把它概括为四大类：

1. 人用伞。供人员从空中返回地面使用的降落伞。包括各型伞兵伞、救生伞、运动伞、备份伞、空脱伞、训练伞、表演伞等。

2. 投物伞。空投各种物资的投物伞、航弹伞等。

3. 阻力伞。使用于各种飞机着陆刹车伞。

4. 特种用途伞。根据特种专业需要而设计的反尾旋伞、水下用伞、稳定伞、布雷伞等。

救生伞。它包括座椅稳定伞和救生伞，是用于拯救应急离机的飞行员生命的救生工具。这种伞用纺织材料除必须符合一般降落伞性能外，还应具有轻薄、柔软性好、断裂功大，较高的抗撕裂强度和抗拉断强度，透气性好，防灼伤性好，抗老化性能好等特性。

伞兵伞。这是伞兵进行空投作战与跳伞训练时的稳定减速工具。它是人用伞中携带重量最重的一种降落伞，除人体重量外，还需要携带一定的武器装备。这种伞要求具备安全可靠、适合大负荷和密集跳伞，以及一定的保护色的特点。这种伞要求材料具有足够的强力，伞衣的透气性要适当，伞衣的鼓风袋应采用轻盈、弹性和飘浮性好及强质比高的纺织材料。

阻力伞。这种伞专门用于飞机着陆时配合其他刹车装置，可缩短滑跑距离。这种伞的特点是动载大、体积小、重量轻、多次使用、使用环境条件差和耐高温，因此所使用的纺织材料能经受在粗糙跑道上的拖拉、磨损、断裂强度要大，经多次使用仍能经受较大的开伞冲击，要有良好的耐热性和防灼性，以及较高的抗环境老化性能等。

弹航伞。它是空投各种航空弹降落伞的总称。弹航伞必须具备安全可靠，航弹离机稳定性好并保证有一定的空中滞留时间，达到战术的要求。开伞动载不超过航弹结构及其仪器仪表允许的承受能力，伞的重量和体积尽量小，有良好的防霉和防潮性。对伞衣织物则要求达到断裂强度、断裂伸长、透气量和重量等指标，以及对环境的适应性、耐化学药物性、抗老化性、缝纫性、耐压性、复原能力和阻燃性。

投物伞。这是用于空投物资装备用的降落伞。空投的物资多种多样，其重量差异大，

① 降落伞．百度百科．[DB/OL] [2019-12-20]https://baike.baidu.com/item/%E9%99%8D%E8%90%BD%E4%BC%9E/80773?fr=aladdin．

其中不乏一些大的物品如卡车、大炮、坦克等。因此，伞用纺织材料要求强度高、重量轻、弹性好，具有良好的化学稳定性、抗老化性、耐磨性、防灼性、缝纫性和包装折叠性等。

回收伞。回收伞的作用是保证回收物在完成飞行任务后能安全地回到地面。它除了一般降落伞必须具有的减速、稳定和可靠安全着陆等要求外，还要求解决大过载、气动热、粒子辐射、包装容积的限制等问题。因此，对降落伞所用纺织材料的强质比、耐高温、耐炳射性能等方面有特殊的要求，特别是耐高温性能和火箭发射高度为 126 千米，箭头回收伞开伞高度为 66 千米，开伞速度达到 1100 米 / 秒，为了使降落伞能在火箭、导弹、宇宙飞船等航天器回收中得到应用，必须提高伞衣的耐热性，常用高熔点聚合纤维织物、金属纤维织物、陶瓷纤维织物等。

（四）降落伞顶上“孔口”

降落伞顶上的洞叫作“孔口”，它的大小取决于降落伞，随着伞的增大，孔也会越开越大。这个洞主要有以下几个功能：

第一，它可以保持降落伞的平衡和稳定。在我们跳伞急速下降的过程中，如果只靠降落伞自身，那么便不会稳定，如果有风，伞很容易就倾斜了。一旦伞的位置不正，对使用降落伞的人来说，是有生命危险的，是致命的。但如果有了孔口，空气就可以从孔口穿过，伞就能够在空气流的帮助下，摆正位置。这样，就能最大限度避免危险。

第二，孔口可以维持降落伞的正常状态。当我们空降的时候，飞快的速度会给降落伞带来极大的空气阻力，最终导致伞面受损，威胁到人的生命安全。但一旦开了这个孔，空气顺着孔口逃出，就好比我们的自家的锅盖上都有一个小孔一样，可以将气体释放，从而减轻降落伞所受的空气阻力，进而保护伞完好无损。

第三，孔口可以维持降落伞完全打开的形态。如果伞兵想要安全的着陆，降落伞必须完全打开。根据科学研究，降落伞打开，空气进入之后，会沿着降落伞的内壁往高游动。一旦伞的形状遭到破坏，人就有可能摔下去。所以在降落伞顶上开孔，它能让空气经过它而流出，同时流出的空气也可以支撑伞的最高点，这样便能保持伞全部打开的状态，避免伞内空气的紊乱，减小生命威胁。

第四，孔口可以缩短着陆时间。由于有空气从孔口流出，和撑起降落伞的浮力所抵消，能后加快降落伞下落的速度，减少所需时间，如果是在战场上，就可以使人员尽快落地，避免在空中长时间滞留而吸引火力，也能让伞兵尽快落地，投入战斗。

（五）降落伞伞面形状

军用降落伞有圆形伞也有方形伞，并不是说圆形伞就是部队使用的，方形伞就是民用的，没有这个界限。圆形伞在部队中比较常见，而方形伞在跳伞运动中运用比较多。其实最早的降落伞形状就是圆形伞，后来才发展出方形伞，它有一个更为准确的名称——翼型伞，因为张开的伞像鸟滑翔的翅膀，故而得名。两种降落伞都是常见的伞，只是在使用方面截然不同，各有各的特点。

圆形伞因为制造难度低，所以造价比较便宜，而且这种伞打开以后基本不需要要人来操控，难度非常小，而且伞面不容易倾覆，安全性高，非常适合新手学习，所以这种伞被大规模装备伞兵部队。当然飞行员跳伞逃生也基本使用这种伞，就是为了提高跳伞的安全性，让飞行员即使在受伤的情况下依然可以安全降落。但这种伞也有不足，那就是伞不能自动控制方向，降落在哪全部看风向，所以有运气不好的伞兵就会挂在树上。

翼型伞由于类似机翼，所以它是可以控制方向的，除方向外，翼型伞可以调节降落速度，机动性比较好，所以成为跳伞爱好者的首选伞。翼型伞在高空中打开，可以随风飞行数十千米再降落，而特种部队往往需要深入敌后完成任务，而运输机因为隐蔽性不足无法抵近目标区，特战队员就可以跳翼型伞悄无声息深入敌后，完成任务。这种伞使用难度比较高，所以对跳伞人员要求比较高。

（李渊渊）

电影背后的绿色世界

一、方案陈述

（一）主题

电影背后的绿色世界。

（二）科学主题

科幻电影中的场景是如何制作的？历史剧中的影像如何和现代人相结合？这里都会用到绿幕抠像技术。

（三）相关展品

MTV 制作站。

（四）传播目标

1. 激发科学兴趣。由现场 MTV 制作站展品演示，解释原理激发观众对于抠像技术的兴趣，列举影视作品中的抠像应用。

2. 理解科学知识。通过材料挑选，让观众寻找，哪些是实景拍摄，哪些是抠像成像。为什么要用抠像技术。

3. 从事科学推理。引导观众思考，为什么要用蓝色或者绿色背景进行抠像？

4. 反思科学。用别的颜色是否可以完成抠像，如果不能完成，问题在哪？

5. 参与科学实践。通过任务卡，让观众通过之前的介绍、互动，根据展厅中其他展品的参与体验，布置回家任务，达到参与实践的目的。

（五）组织形式

1. 活动形式：演示加互动实验。

2. 活动观众：全年龄。

3. 活动时长：30 分钟左右 / 场。

（六）注意事项

注意安全和维护秩序。

（七）学生手册

1. 认真听讲解，积极参与互动，了解为何要用绿幕做抠像的背景色。

2. 积极参加讨论，认真思考、总结。

3. 根据探索任务卡，在展区进行深度展品观察。

（八）材料清单

电影剧照的对比图、遮光片、三色片。

二、实施内容

（一）活动实施思路

对 MTV 制作站展品进行深入介绍，凭借讲解，让游客驻足。讲解之后，开始聚焦展品中的内部结构检测方法，过程中通过互动、小实验等，让观众了解电视制作的相关科学知识的同时感受到学习与动手实验的乐趣。

（二）运用的方法和路径

通过辅导员讲解，互动实验演示，引导观众观察、思考、讨论，并由辅导员进行总结。

（三）活动流程指南

【活动导入】

1. 动手找一找以下电影剧照中哪些是真，哪些是假。

图 1-1 《爱丽丝梦游仙境》

图 1-2 图片来自电影《爱丽丝梦游仙境》

图 2-1 《银河护卫队》

图 2-1　图片来自电影《银河护卫队》

图 3-1　《火星救援》

图 3-2　图片来自电影《火星救援》

图 4-1　《魔戒》

图 4-2　图片来自电影《魔戒》

图 5-1　《爱丽丝梦游仙境》

图 5-2　图片来自电影《爱丽丝梦游仙境》

20 多组对比照片，增加互动，吸引观众。

活动中

●探索环节

2. 什么叫抠像？为什么要用到这种技术？

“抠像”一词是从早期电视制作中得来的。英文称作“Key”，意思是吸取画面中的某一种颜色作为透明色，将它从画面中抠去，从而使背景透出来，形成两层画面的叠加合成。这样在室内拍摄的人物经抠像后与各种景物叠加在一起，形成神奇的艺术效果。

1925 年 C. Dodge Dunning 发明了“邓宁蓝幕技术”来代替以前的遮罩技术。1933 年的《金刚》首次应用这项技术。1940 年拉里巴特勒在拍摄《巴格达大盗》时使用蓝幕拍摄，实现了电影特效史上的一次飞跃。

选用蓝幕是因为蓝色与人的肤色反差最大，凭借这项技术，劳伦斯巴特勒拿下了 1940 年奥斯卡最佳特效奖，但当时的蓝幕技术还不能实现例如头发丝这样的精准抠像。1950 年佩德罗维拉霍斯发明了钠光灯“黄幕”技术。1964 年的《欢乐满人间》使用“黄幕”技术，拿下了当年奥斯卡最佳特效奖。

●发现环节

3. 为什么要用绿色？

三原色概念：红、绿、蓝三种基色是相互独立的，任何一种基色都不能由其他两种颜色合成。

摄像机里的三原色：采集图像的摄像机的三原色是红、绿、蓝，感光芯片的采集也是遵循三原色原理，但是信号的采集是 RGGB，也就是有两份绿色，所以导致摄像机对绿色是最敏感的。

人的皮肤介于红色和黄色之间，采用红色、橙色、黄色幕布拍摄无法达到自动抠图的作用。而绿色与人的皮肤颜色无关，这样在后期电脑处理时，才能达到背景能被轻易抠除的目的。其次，在亚洲日本等地其实也有会有用蓝色的幕布。但在西方，使用绿幕的机会最多最频繁。

由于西方人的眼睛很多都是蓝色，如果用蓝幕，后期抠除背景时很容易将眼睛一起抠掉，增加了后期处理的难度。所以，现在更流行用绿幕当背景。

绿色和蓝色是人体肤色最少的颜色，因为一般的人肤色，尤其是我们亚洲人，肤色多为暖色调，偏红偏黄比较多，因此如果是红幕的话，人体也会受影响。蓝幕其实在亚洲还是广泛运用的，但欧洲人大多数眼睛是蓝色的，所以欧洲好莱坞基本都是绿幕，不过最大的原因还是因为绿色的敏感度。

蓝幕的话，对亚洲人肤色来说没有问题，不过蓝色在日常的着装中还是很常见的，比如西装、领带等。因此大部分时候还是绿幕使用得多。

那 3 种基色中还有红色，为何在拍摄过程中红色不受欢迎，因而尽可能地避免使用呢？只因红色接近人类肤色，在密布红色的工作环境中，长时间的工作也会让电影制作的人员产生暴躁、疲劳的生理反应，十分不利于电影制作，所以红色幕布是很少选择的。

4. 分别观察、对比用白色、红色、黑色、绿色抠像的效果，总结绿幕抠像的两个好处

（1）物体和各种颜色之间都是有一定特性的，颜色与颜色之间都有一定的采集质量比例，而绿色的饱和度非常高。绿色相较于其他颜色而言更能形成色差，也更容易追踪物体和定位。

（2）在绿幕中这个小伙子的肤色和服装与后面的绿幕显得非常鲜明。如果把后面的绿幕换成白色，加上这个小伙子的肤色本身就偏白，那么想实现抠图的话是有点困难。如果把后面的绿幕换成黑幕，因为这个小伙子穿的是黑色的上衣，那么他的上半身和后面的背

图 6-1

图 6-2

图 6-3

图 6-4

景融为一体了，这样也就更不容易实现抠图了。

（3）绿幕更具成像效果和分离效果。绿色是一种很明亮的颜色，能与它周围的各种颜色形成强烈的反差。

5. 观察色坐标

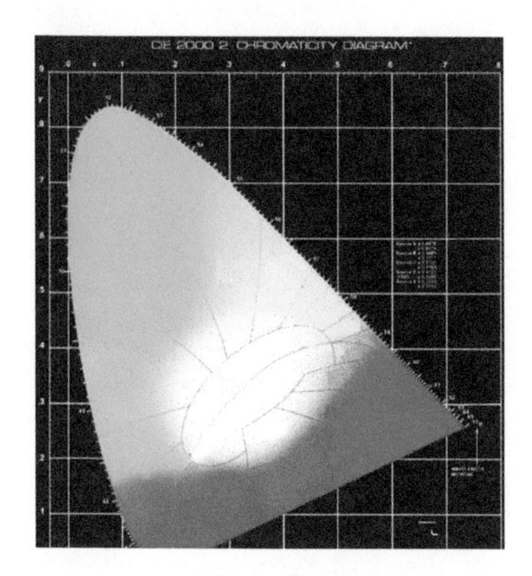

图 7　色坐标

色坐标是根据人眼对光源光谱的响应，换算得来的表征某种颜色在色空间内位置的一组坐标，实质是表征了一种颜色信息。常用的颜色坐标，横轴为 x，纵轴为 y。有了色坐标，可以在色度图上确定一个点。 这个点精确表示了发光颜色，即色坐标精确表示了颜色。因为色坐标有两个数字，又不直观，所以大家喜欢用色温来大概表示照明光源的发光颜色。

人眼中含有红、绿、蓝三种色素，也就是一束光对红绿蓝有 3 个响应。量化后得到 XYZ 三刺激值，人为规定 $x=X/(X+Y+Z)$，yz 同理，易知 $x+y+z=1$。举例：纯正的白色，对红绿蓝刺激相同，则 $x=y=z$，又因为 $x+y+z=1$，所以 $x=y=0.333$，所以标准白的色坐标是（0.333，0.333），对应图中的白色位置。

红、绿、蓝是人眼识别的 3 种色素，用红、绿、蓝 3 种颜色可以模拟任何一种人眼可见的颜色。绿色的亮度最高。

●反思环节

6. 遮光实验，感受绿色的适应性

（1）何谓遮光片？遮光片的物理属性？譬如材质、结构等。

（2）照片显示的是中灰、深灰及浅灰色，和红、绿、蓝这三种颜色是什么关系？

（3）结论：用遮光片，遮住红、绿、蓝 3 种颜色，在黑白的色调中，绿色最为明亮。

图 8-1 遮光片实验

图 8-2 遮光片实验

活动小结

7. 任务卡

活动结束后，发放任务卡，可以让大家根据此次的活动内容，并结合展区展品完成任务卡。

1. 你还能在我们展区里看到那些展品能够看到明显的分离效果？
2. 我们日常生活中分离效果在衣服穿搭上有哪些审美判断？
3. 绿色在生活中还有哪些应用？什么时候用到分离效果？什么时候用到非分离效果？

三、活动拓展

（一）可见光

一般指太阳辐射光谱中 0.38 ~ 0.76 微米波谱段的辐射，由紫、蓝、青、绿、黄、橙、红等七色光组成，是绿色植物进行光合作用所必须的和有效的太阳辐射能。到达地表面上的可见光辐射随大气浑浊度、太阳高度、云量和天气状况而变化。可见光辐射约占总辐射的 45% ~ 50% 。

（1）互补色按一定的比例混合得到白光。如蓝光和黄光混合得到的是白光。同理，青光和红光混合得到的也是白光。

（2）颜色环上任何一种颜色都可以用其相邻两侧的两种单色光，甚至可以从次近邻的两种单色光混合复制出来。如黄光和红光混合得到橙光。较为典型的是红光和绿光混合成为黄光。

（3）如果在颜色环上选择 3 种独立的单色光，就可以按不同的比例混合成日常生活中可能出现的各种色调。这三种单色光称为三基色光。光学中的三基色为红、绿、蓝。这里应注意，颜料的三原色为青、品红、黄。

（4）当太阳光照射某物体时，某波长的光被物体吸取了，则物体显示的颜色（反射光）为该色光的补色。如太阳光照射到物体上，若物体吸取了波长为 400 —435nm 的紫光，则物体呈现黄绿色。

（二）遥感技术

可见光遥感，是指传感器工作波段限于可见光波段范围（0.38 ~ 0.76 微米）之间的遥感技术。

电磁波谱的可见光区波长范围约在 0.38 ~ 0.76 微米，是传统航空摄影侦察和航空摄影测绘中最常用的工作波段。因感光胶片的感色范围正好在这个波长范围，故可得到具有很高地面分辨率和判读与地图制图性能的黑白全色或彩色影像。但因受太阳光照条件的极大限制，加之红外摄影和多波段遥感的相继出现，可见光遥感已把工作波段外延至近红外区（约 0.9 微米）。在成像方式上也从单一的摄影成像发展为包括黑白摄影、红外摄影、彩色摄影、彩色红外摄影及多波段摄影和多波段扫描，其探测能力得到极大提高。可见光遥感以画幅式航天摄影机的应用为标志的航天摄影测量很有发展潜力。

（三）通信技术

可见光通信技术一种利用 LED 快速响应特性实现无线高速数据传输的新型绿色信息技术。将数字信号调制到电力线上，通过安装在 LED 灯内的通信模块，让可见光快速闪烁，以实现信息的传输。这种快速闪烁达到 300 Mbit/s，人眼对这种闪烁是感觉不到的。在接收端通过感光器件接收这种闪烁的灯光，解调出来就是发射端想传输的信息。作为物联网技术之一的可见光通信技术，是在不影响正常照明的前提下，在有照明需求的场合可使照明设备具备“无线路由器”“通信基站”“网络接入点”，甚至“GPS 卫星”的功能。

（四）云图

卫星观测仪器在可见光波段感应地面和云面对太阳光的反射，并把它显示成一张平面图像，即为可见光云图。图像的黑白程度是表示地面和云面的反照率大小，白色表示反照率大，黑色表示反照率小。一般说来，云愈厚，其亮度愈亮。如果太阳光的照明条件一样，对同样厚的云来说，水滴云比冰晶云要亮。如大厚块的云，尤其是积雨云，为浓白色；中等厚度的云（卷层云、高层云、雾、层云、积云等）为白色；大陆上薄而小块的云（如晴天积云）为灰白色等。

（董毅）

“码”到成功

一、方案陈述

（一）主题

编码与解码。

（二）科学主题

编码与解码是信息处理技术中的一个关键环节。掌握二进制码，并尝试探究多种编码解码方式，了解密码学相关知识，包括摩斯密码、恺撒密码等。

（三）相关展品

编码与解码 。

（四）传播目标

1. 激发学习兴趣：现场体验“编码与解码”互动展品，激发观众兴趣，引导观众思考计算机是如何处理我们输入的信息的。

2. 理解科学知识 基于展品原理讲解编码、解码过程，引导观众了解二进制码、十进制码、加密、解密等相关科学概念。

3. 从事科学推理：通过摩斯密码和恺撒密码道具，让观众探索加密解密过程。

4. 反思科学：讨论编码解码在日常生活中的实际运用。

5. 参与科学实践：通过任务卡，让观众通过之前的介绍、互动，根据展厅中其他展品的参与体验，布置回家任务，达到参与实践的目的。

6. 发展科学认同：编码与解码对于信息的存储与传递起到了极大的推动作用，需要正面运用好这一工具，积极推动人类信息时代的发展。

（五）组织形式

1. 活动形式：演示加互动实验。
2. 活动观众：全年龄。
3. 活动时长：30 分钟左右 / 场。

（六）注意事项

1. “编码与解码”展品不能攀爬，注意安全。
2. 摩斯电码学习机需要接电源，注意用电安全。
3. 科学使用激光笔，参与观众需佩戴专用激光护目镜。

（七）学生手册

1. 认真听讲解，积极参与互动，了解计算机如何处理各种各样的信息，参与编码和解码过程，学会摩斯密码和恺撒密码的加密解密过程。

2. 积极参加讨论，认真思考、总结。

3. 根据探索任务卡，在展区进行展品深度观察。

（八）材料清单

摩斯密码学习设备1套、恺撒密码盘1个、激光笔1支、手电筒1个、专用激光护目镜及密码相关亚克力图文板若干。

二、实施内容

（一）活动实施思路

观众参与体验信息时代展区“编码与解码”展项（图1），辅以原理讲解让观众了解二进制码、摩斯密码、恺撒密码等相关科学内容，通过实验道具引导观众探究编码和解码过程与方法，并了解其实际应用领域。

图1　“编码与解码”展项

（二）运用的方法和路径

通过辅导员讲解，互动实验演示，引导观众观察、思考、讨论，并由辅导员进行总结。

（三）活动流程指南

活动导入

1. 吸引观众参与展品，思考显示屏上呈现的可爱小动物是怎么出来的

这件互动展品体现的是编码和解码的基本原理。这里有9种图形卡，分别代表了12种动物的不同特征（图2）。选择一种动物，并找出它的4种特征，如体型大小、有没有角、食肉食草、尾巴长短等，从9种图形卡中选取相对应的4种，拼装起来放入识别口，计算机就会通过解析识别出这种动物，并在屏幕上通过动画形象显示出来。

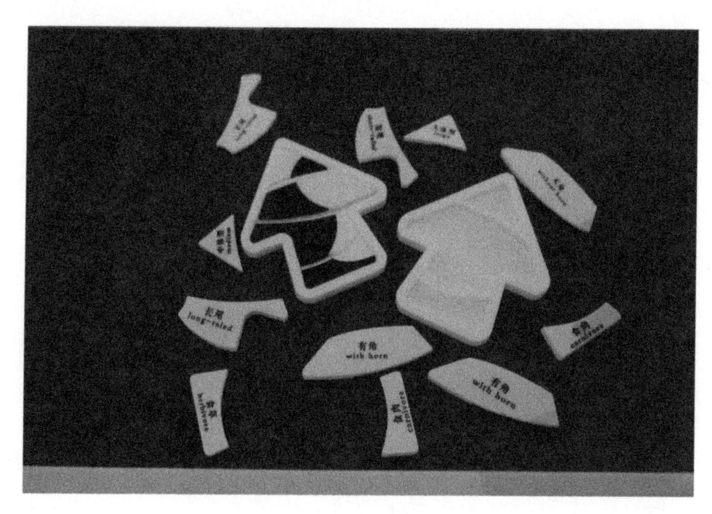

图 2　图形模块

编码与解码是信息处理技术中的一个关键环节。计算机怎样处理各种各样的信息呢?比如声音、文字、图像、视频，还有各种应用程序。通常我们知道计算机只“认识”二进制数字“0”和“1”，所以必须对输入、输出计算机的信息进行编码和解码。

编码就是用二进制数字序列来表示不同的文字、图像和声音等信息的过程；解码就是将那些二进制数字序列还原成文字、图像和声音等信息的过程。计算机的编码和解码都是通过预先编制的程序自动完成的。

活动中

●体验环节

2. 引导观众思考，在没有计算机的年代，重要的信息是如何进行传递和解读的呢？有其他的语言可以代替二进制数字“0”和“1”进行编码和解码吗?

信息传递技术是当今对社会发展影响较大的技术之一，人类社会从古到今的发展历程与信息传播手段的发展过程是密切相关的。从古代的烽火狼烟到现代社会互联网的运用，它们在效率和方便程度上已经发生了翻天覆地的变化。在信息传递技术的变革中，有 4 种代表性的信息传递方式：信号传递、邮件传递、电话和互联网。

实验 1：“SOS”的秘密

船舶在浩瀚的大洋中航行，由于浓雾、风暴、冰山、暗礁、机器失灵与其他船只相撞等原因，往往会发生意外的事故。当死神向人们逼近时，国际求救信号“SOS”便飞向海空，传往四面八方。一旦收到求救信号，附近船只便急速驶往出事地点，搭救遇难者。

如果我们在海边，看到远离海滩的水面有一亮一亮的灯光，我们不妨仔细辨识一下。假如我们看到灯光是按照“短亮 暗、短亮 暗、短亮 暗；长亮 暗、长亮 暗、长亮 暗；短亮 暗、短亮 暗、短亮 暗”（用手电筒或激光笔模拟信号）这个规律来显示的话，那么它就意味是求救信号——SOS。知道为什么吗?

“短亮 暗、短亮 暗、短亮 暗”代表信号 S，“长亮 暗、长亮 暗、长亮 暗”则代表信号 O（图 3）。根据信号规律，得出结论就是 SOS！其实这种长短交替的信号就属于摩斯密码。

图 3　摩斯密码表达求救信号 SOS

让观众根据摩斯密码表（图 4），将相应的字母、数字及符号用摩斯密码念出来。

INTERNATIONAL MORSE CODE

A	·-	N	-·	0	-----
B	-···	O	---	1	·----
C	-·-·	P	·--·	2	··---
D	-··	Q	--·-	3	···--
E	·	R	·-·	4	····-
F	··-·	S	···	5	·····
G	--·	T	-	6	-····
H	····	U	··-	7	--···
I	··	V	···-	8	---··
J	·---	W	·--	9	----·
K	-·-	X	-··-	.	·-·-·
L	·-··	Y	-·--	,	--··-
M	--	Z	--··	?	··--·

图 4　摩斯密码表

举例 Hello（图 5）：

Hello

•••• • •–•• •–•• –––

图 5　Hello 的摩斯密码

举例：I Love You !

那如果我们要用手电筒表示 I Love You! 该怎么做呢？我们首先要知道，在 I 和 Love 和 You 之间空格时间要长一点。知道这个之后，再来编码：

（I . . ）空空（L . _ . . ）空空（O _ _ _）空空（V . . . _）空空（E .）空空（Y _ . _ _ ）空空（O _ _ _ ）空空（U . . _ ）而长短的方式就如上述所说，即 I 短亮 2 次，频率要快；L 短亮 1 次、长亮 1 次、短亮 2 次，中间间隔时间要一致。如此练习，便可懂得摩斯密码的含义。

最后，利用摩斯密码学习机（图 6）模拟练习摩斯密码。

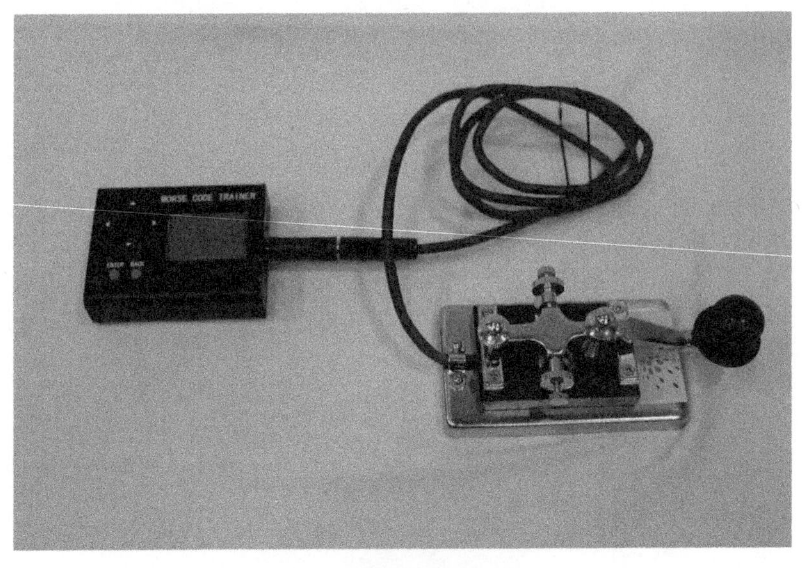

图 6　摩斯密码学习机

实验 2：恺撒密码

引入恺撒密码的概念，并利用密码盘道具（图 7）进行互动。

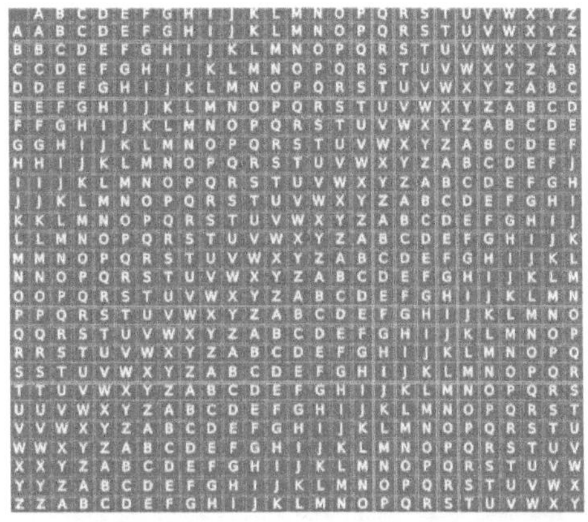

	A	B	C	D	E	F	G	H	I	J	K	L	M	N	O	P	Q	R	S	T	U	V	W	X	Y	Z
A	A	B	C	D	E	F	G	H	I	J	K	L	M	N	O	P	Q	R	S	T	U	V	W	X	Y	Z
B	B	C	D	E	F	G	H	I	J	K	L	M	N	O	P	Q	R	S	T	U	V	W	X	Y	Z	A
C	C	D	E	F	G	H	I	J	K	L	M	N	O	P	Q	R	S	T	U	V	W	X	Y	Z	A	B
D	D	E	F	G	H	I	J	K	L	M	N	O	P	Q	R	S	T	U	V	W	X	Y	Z	A	B	C
E	E	F	G	H	I	J	K	L	M	N	O	P	Q	R	S	T	U	V	W	X	Y	Z	A	B	C	D
F	F	G	H	I	J	K	L	M	N	O	P	Q	R	S	T	U	V	W	X	Y	Z	A	B	C	D	E
G	G	H	I	J	K	L	M	N	O	P	Q	R	S	T	U	V	W	X	Y	Z	A	B	C	D	E	F
H	H	I	J	K	L	M	N	O	P	Q	R	S	T	U	V	W	X	Y	Z	A	B	C	D	E	F	G
I	I	J	K	L	M	N	O	P	Q	R	S	T	U	V	W	X	Y	Z	A	B	C	D	E	F	G	H
J	J	K	L	M	N	O	P	Q	R	S	T	U	V	W	X	Y	Z	A	B	C	D	E	F	G	H	I
K	K	L	M	N	O	P	Q	R	S	T	U	V	W	X	Y	Z	A	B	C	D	E	F	G	H	I	J
L	L	M	N	O	P	Q	R	S	T	U	V	W	X	Y	Z	A	B	C	D	E	F	G	H	I	J	K
M	M	N	O	P	Q	R	S	T	U	V	W	X	Y	Z	A	B	C	D	E	F	G	H	I	J	K	L
N	N	O	P	Q	R	S	T	U	V	W	X	Y	Z	A	B	C	D	E	F	G	H	I	J	K	L	M
O	O	P	Q	R	S	T	U	V	W	X	Y	Z	A	B	C	D	E	F	G	H	I	J	K	L	M	N
P	P	Q	R	S	T	U	V	W	X	Y	Z	A	B	C	D	E	F	G	H	I	J	K	L	M	N	O
Q	Q	R	S	T	U	V	W	X	Y	Z	A	B	C	D	E	F	G	H	I	J	K	L	M	N	O	P
R	R	S	T	U	V	W	X	Y	Z	A	B	C	D	E	F	G	H	I	J	K	L	M	N	O	P	Q
S	S	T	U	V	W	X	Y	Z	A	B	C	D	E	F	G	H	I	J	K	L	M	N	O	P	Q	R
T	T	U	V	W	X	Y	Z	A	B	C	D	E	F	G	H	I	J	K	L	M	N	O	P	Q	R	S
U	U	V	W	X	Y	Z	A	B	C	D	E	F	G	H	I	J	K	L	M	N	O	P	Q	R	S	T
V	V	W	X	Y	Z	A	B	C	D	E	F	G	H	I	J	K	L	M	N	O	P	Q	R	S	T	U
W	W	X	Y	Z	A	B	C	D	E	F	G	H	I	J	K	L	M	N	O	P	Q	R	S	T	U	V
X	X	Y	Z	A	B	C	D	E	F	G	H	I	J	K	L	M	N	O	P	Q	R	S	T	U	V	W
Y	Y	Z	A	B	C	D	E	F	G	H	I	J	K	L	M	N	O	P	Q	R	S	T	U	V	W	X
Z	Z	A	B	C	D	E	F	G	H	I	J	K	L	M	N	O	P	Q	R	S	T	U	V	W	X	Y

图 7　恺撒密码盘（左）和恺撒密码表（右）

恺撒密码作为一种最为古老的对称加密体制，在古罗马的时候都已经很流行。它的基本思想是：通过把字母移动一定的位数来实现加密和解密。明文中的所有字母都在字母表上向后（或向前）按照一个固定数目进行偏移后被替换成密文。例如，当偏移量是 3 的时候，所有的字母 A 将被替换成 D，B 变成 E，以此类推 X 将变成 A，Y 变成 B，Z 变成 C……由此可见，位数就是恺撒密码加密和解密的密钥（图 8）。

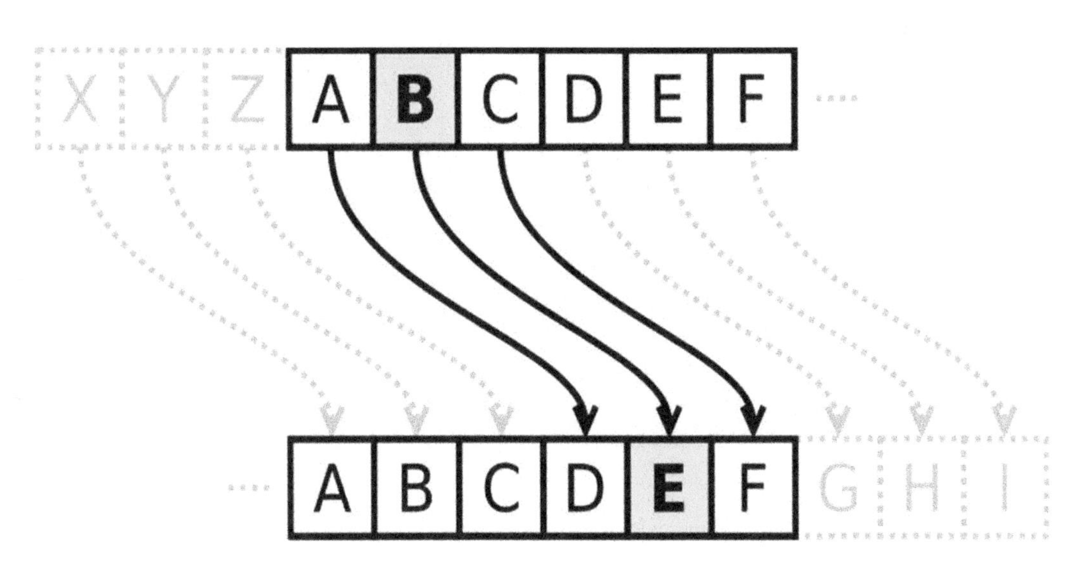

图 8　恺撒密码

活动小结

3. 任务卡

活动结束后，发放任务卡，可以让大家根据此次的活动内容，并结合展区展品完成任务卡。

（1）尝试运用所学的编码方法，参与信息的传递展项，将 5 个黑白球的信息准确发送。

（2）尝试运用摩斯密码、恺撒密码对信息进行加密，并传递给小伙伴，进行解密。

三、活动拓展

（一）二进制

二进制数据是用 0 和 1 两个数码来表示的数。它的基数为 2，进位规则是“逢二进一”，借位规则是“借一当二”，由 18 世纪德国数理哲学大师莱布尼兹发现。当前的计算机系统使用的基本上是二进制系统，数据在计算机中主要是以补码的形式存储的。计算机中的二进制则是一个非常微小的开关，用 1 来表示“开”，0 来表示“关”。①

（二）二进制码

只采用两种不同字符（通常为“0”和“1”）的代码。②

（三）密码

密码是一种用来混淆的技术，使用者希望将正常的（可识别的）信息转变为无法识别的信息，但这种无法识别的信息部分是可以再加工并恢复和破解的。密码在中文里是“口令”（password）的通称。

（四）摩斯密码（Morse code）

又称摩尔斯电码，是美国人萨缪尔 · 摩尔斯于 1844 年发明的，它是一种时通时断的信号代码。通过不同的排列顺序来表达不同的英文字母、数字和标点符号。③

最早的摩尔斯电码是一些表示字母的点和划，字母对应单词，需要查找一本代码表才能知道每个词对应的数，用一个电键可以敲击出点、划以及中间的停顿。比如一个手电筒往远处照射，如果按照不同频率来进行辨别，便可发现其实它是含有意义的。

我们来看这张代码表。我们就会发现如下的意义：

A . _（短 空 长）（. 代表短，_ 代表长）

B _ . . .（长 短 短 短）

C _ . _ .

---

① 二进制 . 百度百科 [DB/OL].[2019-12-20]https://baike.baidu.com/item/%E4%BA%8C%E8%BF%9B%E5%88%B6/361457?fr=aladdin.

② 二进制码 . 百度百科 [DB/OL].[2019-12-20]https://baike.baidu.com/item/%E4%BA%8C%E8%BF%9B%E5%88%B6%E7%A0%81 .

③摩尔斯电码 . 百度百科 [DB/OL].[2019-12-20]https://baike.baidu.com/item/%E6%91%A9%E5%B0%94%E6%96%AF%E7%94%B5%E7%A0%81/1527853?fr=aladdin.

D _ . .

E .

F . . _ .

实际应用方式：电报。

以前战争年间，有很多采用这种摩斯密码的电报方式，即采用声音代表长短。如果听到“di da da da da”的音则代表1。也就是说，di代表 .，da代表 _，含义就是 . _ _ _ 也就是1的意思。如大家所知，我们只要把短读成di，或把长读成da即可。当然，一个字含义结束后，另一个字起，中间时间就相对变长，以不至于听错。用这种电报方式，很容易报告军情。

摩斯密码还可以通过形象的方式帮助记忆（图9）。

图9　摩斯密码形象记忆表

（五）恺撒密码

在密码学中，恺撒密码（或称恺撒加密、恺撒变换、变换加密）是一种最简单且最广为人知的加密技术。它是一种替换加密的技术。这个加密方法是以恺撒的名字命名的。当年恺撒用此方法与其将军们进行联系。所谓的“恺撒密码”，它是一种替代密码，通过将字母按顺序推后 3 位起到加密作用，如将字母 A 换作字母 D，将字母 B 换作字母 E。这是一种简单的加密方法，这种密码的密度是很低的，只需简单地统计字频就可以破译。

密码术可以大致分为两种，即移位和替换，当然也有两者结合得更复杂的方法。在移位中字母不变，位置改变；替换中字母改变，位置不变。但显然从 1 到 25 个位置的移位我们都可以使用，因此，为了使密码有更高的安全性，单字母替换密码就出现了。

如：

明码表 A B C D E F G H I J K L M N O P Q R S T U V W X Y Z

密码表 Q W E R T Y U I O P A S D F G H J K L Z X C V B N M

明文 F O R E S T

密文 Y G K T L Z

只需重排密码表 26 个字母的顺序，允许密码表是明码表的任意一种重排，密钥就会增加到 4×10^{27} 多种，我们就有超过 4×10^{27} 种密码表。破解就变得很困难。

如何破解包括恺撒密码在内的单字母替换密码呢？

方法：字母频度分析

尽管我们不知道是谁发现了字母频度的差异可以用于破解密码，但是 9 世纪的科学家阿尔 · 金迪在《关于破译加密信息的手稿》对该技术做了最早的描述。

“如果我们知道一条加密信息所使用的语言，那么破译这条加密信息的方法就是找出同样的语言写的一篇其他文章，大约一页纸长，然后我们计算其中每个字母的出现频率。我们将频率最高的字母标为 1 号，频率排第 2 的标为 2 号，第三标为 3 号，依次类推，直到数完样品文章中所有字母。然后我们观察需要破译的密文，同样分类出所有的字母，找出频率最高的字母，并全部用样本文章中最高频率的字母替换。第二高频的字母用样本中 2 号代替，第三则用 3 号替换，直到密文中所有字母均已被样本中的字母替换。”

以英文为例，首先我们以一篇或几篇一定长度的普通文章，建立字母表中每个字母的频度表。

在分析密文中的字母频率，将其对照即可破解。

虽然加密者后来针对频率分析技术对以前的加密方法做了些改进，比如说引进空符号等，目的是打破正常的字母出现频率。不过小的改进已经无法掩盖单字母替换法的巨大缺陷了。到 16 世纪，最好的密码破译师已经能够破译当时大多数的加密信息。

局限性：短文可能严重偏离标准频率，假如文章少于 100 个字母，那么对它的解密就会比较困难。而且不是所有文章都适用标准频度。

（六）密码学相关概念

在密码学中，我们要传送的以通用语言明确表达的文字内容称为明文。

由明文经变换而形成的用于密码通信的那一串符号称为密文。

明文按约定的变换规则变换为密文的过程称为加密。

收信者用约定的变换规则把密文恢复为明文的过程称为解密。

敌方主要围绕所截获密文进行分析以找出密码变换规则的过程，称为破译。

（七）密码学军事应用

在军事通信上，必须考虑要传送的秘密信息在传送的途中被除发信者和收信者以外的第三者（特别是敌人）截获的可能性。因此必须采用一种通信方法或技术，使得载送信息的载体（如文本、无线电波等）即使在被截获的情况下也不会让截获者得知其中的信息内容，这就是保密通信。密码通信就是一种保密通信，它是把表达信息的意思明确的文字符号，用通信双方事先所约定的变换规则，变换为另一串莫名其妙的符号，以此作为通信的文本发送给收信者，当这样的文本传送到收信者手中时，收信者一时也不能识别其中所代表的意思，这时就要根据事先约定的变换规则，把它恢复成原来的意思明确的文字，然后阅读。这样，如果这个文本在通信途中被第三者截获，由于第三者一般不知道那变换规则，因此他就不能得知在这一串符号背后所隐藏的信息。

（徐瑞芳）

参考文献

生物生存的信念——进化

[1]何心一，徐桂荣 . 古生物学教程 [M]. 地质出版社，1993.

推倒我

[1]物理三年级科学 · 上册（青岛版五年制）[M]. 青岛 : 青岛出版社 .

[2]阮哲 . 太极拳运动对老年人下肢平衡力学因素的影响 [D]. 北京体育大学 ,2001.

[3]刘学禹 . 探究三角形的几何“重心”与物理“重心”[J]. 中学物理 ,2016,34(23):56–57.

雅各布天梯

[1] 张玉晶 . 科普展品“雅各布天梯”的奥秘及维护建议 [J]. 探索科学 , 2016(4).

[2] 马波 . 高压触电防护措施的研究与应用 [D]. 华北电力大学 ,2014.

[3] 姜涛 , 阎炳文 . 自制莱顿瓶用于电容器的教学 [J]. 物理教学探讨 (5):53.

[4] 曹芳 . 自制“莱顿瓶”进行“电震实验”的小窍门 [J]. 中学物理 : 高中版 ,2010,28(3):10.

[5] 雅各布天梯 . 百度百科 [DB/OL].[2019–12–20]https://baike.baidu.com/item/%E9%9B%85%E5%90%84%E5%B8%83%E5%A4%A9%E6%A2%AF/10967456?fr=aladdin.

后 记

本书能够顺利出版，首先要感谢上海市浦东新区科技和经济委员会的资助，感谢其对于上海科技馆科普研发能力的信任以及对博物馆教育事业的大力支持。

感谢上海科技馆馆长王小明教授、副馆长缪文靖女士，他们在百忙之中为本书提出了诸多宝贵意见和建议，给予我们莫大的支持和鼓励。

感谢上海科技馆展示教育处全体同仁，他们用各自的方式为本书做出了积极贡献。

感谢复旦大学周婧景副教授、上海师范大学鲍贤清副教授、松江区青少年活动中心柴秋云院长、管俊利老师、上海市特级教师刘国璋老师、上海市光明中学常婧老师、上海市莘庄中学周晓松老师等对本书内容的科学性、规范性以及质量进行把关。

由于本书编写花费了大量的时间和精力，对家庭照顾有所疏忽，所以借此机会，感谢所有编委家庭成员的支持。

全书分为 4 个篇，时尚生活篇由王益熙、徐瑞芳、胡晓菁、王倩倩撰稿编写；自然密码篇由金子龙、侯奕杰、徐瑞芳、王益熙、杨晓华撰稿编写；奇幻物理篇由李今、王倩倩、李渊渊、金子龙撰稿编写；潮流技术篇由齐琦、李渊渊、董毅、徐瑞芳撰稿编写。李渊渊、徐瑞芳负责统稿，徐湮、金雪负责最终审核把关。囿于作者水平有限，书中纰漏及不当之处在所难免，恳请读者批评指正。

图书在版编目（CIP）数据

玩转科技馆：科学列车项目案例集 / 徐湮，金雪主编. — 上海：上海社会科学院出版社，2020

ISBN 978－7－5520－3174－4

Ⅰ. ①玩… Ⅱ. ①徐… ②金… Ⅲ. ①科学技术—普及读物 Ⅳ. ①N49

中国版本图书馆CIP数据核字（2020）第073582号

玩转科技馆：科学列车项目案例集

主　　编：徐　湮　金　雪

副 主 编：李渊渊　徐瑞芳

责任编辑：霍　覃

封面设计：周清华

出版发行：上海社会科学院出版社

上海顺昌路622号　邮编 200025

电话总机021-63315947　销售热线021-53063735

http://www.sassp.cn　E-mail:sassp@sassp.cn

照　　排：上海韦堇印务科技有限公司

印　　刷：广东虎彩云印刷有限公司

开　　本：710毫米×1010毫米　1/16

印　　张：13

字　　数：277千字

版　　次：2020年6月第1版　2020年6月第1次印刷

ISBN 978－7－5520－3174－4/N・006　定价：68.00元